L

HOH

HOHENTWIEL

Das königlich-württembergische Dampfschiff

HOHENTWIEL

Das königlich-württembergische Dampfschiff

Reinhard E. Kloser
Gisela Auchter

STADLER

Stadler Verlagsgesellschaft Konstanz

Inhaltsverzeichnis

Zum Geleit

Wir sind weiterhin auf dem Weg, Trennendes zu überwinden, Zusammenarbeit zu beginnen, die Möglichkeiten, das Glück des Friedens kennenzulernen.
Hier am Bodensee tun wir dies mit alemannischer Behutsamkeit und Ausdauer. Der Respekt vor dem Geschaffenen, zeitgemäß gesagt, der Sinn für die Realität kommt hinzu. Veränderungen müssen sich in Taten ausprägen. In dem Abenteuer, das letzte Dampfschiff der Bodenseeflotte wieder instand zu setzen, haben sich Schweizer, Österreicher und Deutsche zusammengefunden.
Gemeinsam konnten wir die politischen Repräsentanten der »Internationalen Bodenseekonferenz« dafür gewinnen, unsere »Hohentwiel« nicht nur halb – zu einem schwimmfähigen Schiffahrtsmuseum –, vielmehr vollständig einsatzfähig zu machen.
Die »Hohentwiel« ist im Erscheinungsbild ihrer Indienststellung im Jahre 1913 das eindrucksvollste Zeugnis der Schiffahrtsgeschichte des Bodensees. Wir verdanken diesen Erfolg in erster Linie dem Können und der Ausdauer des Herrn Schiffsingenieurs Reinhard E. Kloser aus Hard/Vorarlberg.

Vom Tage ihrer erneuten Indienststellung an – am 17. Mai 1990 – ist die »Hohentwiel« beständig im Einsatz. Das einmalige Fahrerlebnis und die Freude einer Rundfahrt auf dem einzigen noch vorhandenen Bodensee-Dampfschiff haben sich längst herumgesprochen.
Die »Hohentwiel« führt uns zusammen, uns, die von der Geschichte getrennten Brüder einer Sprache, mit unseren Gästen und Freunden. Wir wollen das Glück pflegen, im Frieden wieder einander näherzukommen, zueinander zu finden.

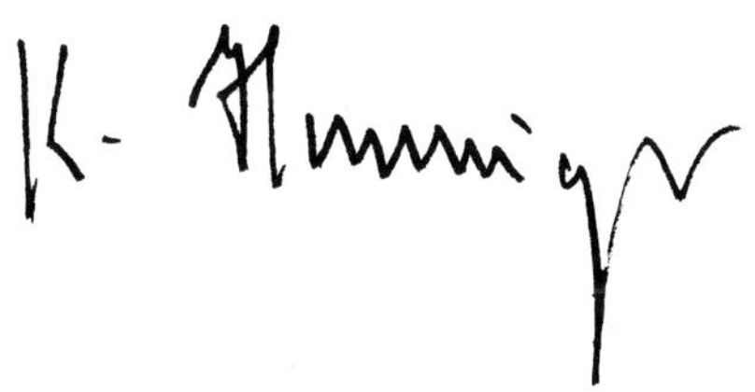

Klaus Henninger, Präsident des Vereins
»Internationales Bodensee-Schiffahrtsmuseum e. V.«

Vorwort

Nach der Gründung des Vereins »Internationales Bodensee-Schiffahrtsmuseum e.V.« im Jahre 1984 und nachdem die »Hohentwiel« am 3. Oktober des gleichen Jahres zur ersten Untersuchung von Bregenz in die Schiffswerft nach Fussach verholt wurde, stellte ich mich beim Vereinspräsidenten, dem Lindauer Landrat Klaus Henninger, vor und bot ihm meine Hilfe bei der Wiederherstellung der Maschinenanlage der »Hohentwiel« an. Es ging mir damals in erster Linie darum, dieses letzte Werk der Schiffbaukunst vergangener Tage für den Bodensee zu erhalten. Hauptsächlich faszinierten mich dabei die Leistungen unserer Vorfahren auf schiffsbetriebstechnischem Gebiet, wo im »klassischen« Maschinenbau technische Funktionsabläufe nahezu gesamthaft auf mechanischem Wege gelöst werden mußten.

Die perfekte Handswerksarbeit und die Fähigkeit der damaligen Techniker, die zuverlässige Funktion ihrer Maschinenkonstruktionen mit optischer Schönheit zu verbinden – eine Eigenschaft, die heute weitgehend abhanden gekommen ist –, war für mich ein weiterer Grund mitzuhelfen, das Schiff für die heutige und für zukünftige Generationen zu erhalten. Durch meine Ausbildung als technischer Schiffsoffizier und durch die Erfahrungen, die ich während meiner vieljährigen Fahrenszeit in der Hochseeschiffahrt erworben hatte, war ich der Auffassung, bei den Instandsetzungsarbeiten einen nützlichen Beitrag leisten zu können.

Der Präsident nahm mein Angebot gerne an und lud mich zunächst einmal zur ersten Vorstandssitzung des Vereins ein. Aus der bescheidenen Bereitschaft zur Mithilfe entwickelte sich dann im Laufe der Zeit eine intensive Zusammenarbeit: im weiteren Fortgang der Arbeiten wurde mir die Gesamtplanung und Projektleitung für die Wiederherstellung der »Hohentwiel« übertragen.

Nach eingehenden Untersuchungen der technischen Anlagen des Schiffes – soweit noch vorhanden –

machte ich den Vorschlag, die »Hohentwiel« wieder funktionsfähig zu restaurieren. Damit fand ich sofort die ungeteilte Zustimmung beim Vereinspräsidenten Klaus Henninger, der schon bei der Vereinsgründung das Bestreben und sein Interesse für ein solches Vorhaben angedeutet hatte und dem es nun tatsächlich auch gelang, die Vorstandschaft und nicht zuletzt auch die politischen Repräsentanten der »Internationalen Bodenseekonferenz« von dieser – zum damaligen Zeitpunkt – geradezu kühnen Zielsetzung zu überzeugen.

Das Schiff befand sich aber in einem derart desolaten Zustand, daß nur die wenigsten an ein gutes Gelingen glauben mochten. Die Bezeichnung »Spleenige Hasardeure« aus dem Munde eines »Fachmannes« wird mir aus dieser Zeit in dauerhafter Erinnerung bleiben. Die Mitgliederwerbung für den Verein wurde unter dem Leitsatz »Die Hohentwiel soll wieder fahren« intensiviert, und schon bald fand das Vorhaben großes Interesse und breite Zustimmung bei den Bürgern des Bodenseeraumes. Die oftmals harte Arbeit war nur durch die vertrauensvolle, nützliche und erfreuliche Zusammenarbeit mit dem Vereinspräsidenten, der Mitarbeit der Vorstandsmitglieder und der vielen weiteren uneigennützigen Unterstützungen und Hilfen zu bewältigen.

Bei der »zweiten Jungfernfahrt« am 17. Mai 1990 fand das Unternehmen »Die Hohentwiel soll wieder fahren« einen würdigen Abschluß – der Bodensee hatte wieder einen Raddampfer.

An dieser Stelle sei all denen gedankt, die an die Realisierung dieses Projektes geglaubt haben und dieses mit finanziellen, ideellen und Sachleistungen gefördert haben. Ohne diese Hilfe wäre ein gutes Stück Bodenseegeschichte unwiederbringlich verlorengegangen.

Reinhard E. Kloser
Techn. Schiffsoffizier (Handelsmarine)

Das Dampfschiff »Hohentwiel« während der zweiten Jungfernfahrt am 17. Mai 1990.

Start ins zweite Leben

Ein strahlend blauer Frühlingstag, vom fast wolkenlosen Himmel fällt wärmendes Sonnenlicht, eine leichte Brise läßt bunte Wimpel und Fahnen fröhlich flattern. Man schreibt den 17. Mai 1990. Der Industriehafen der vorarlbergischen Marktgemeinde Hard hat sich festlich herausgeputzt, nichts erinnert mehr an die mit Arbeit und Hektik ausgefüllten Monate zuvor, nichts mehr an die Unmengen rostigen Schrotts, die sich hier aufgetürmt hatten, nichts mehr an den herben Charme der »russischen Feldschmiede«, die für eine lange Zeit Werft, Werkstätte und Materiallager zugleich gewesen war.
Viele frohgestimmte Besucher haben sich eingefunden, unter ihnen sicher einige Skeptiker, die wohl nicht damit gerechnet hatten, daß dieser Tag wirklich einmal festlich begangen werden könnte. Am Ausrüstungskai des kleinen Hafens liegt das Dampf-

schiff »Hohentwiel«, über alle Toppen beflaggt, blumenbekränzt die prachtvollen Wappen an den Radkästen. Bereit, Segen und Weihe zu spenden, stehen die Abgesandten der Kirchen, in Gedanken schon bei ihren Fest- und Lobreden die Vertreter des öffentlichen Lebens, die Bürgermeister der Bodenseegemeinden, der Vorarlberger Landeshauptmann, der Landrat der Inselstadt Lindau vom gegenüberliegenden deutschen Ufer, die Landräte von Friedrichshafen und Konstanz und die Regierungsdirektoren von St. Gallen, Schaffhausen und dem Thurgau. Erwartungsfroh und zahlreich sind die Helfer und Sponsoren erschienen, und über allem schweben die Klänge der Bürgermusik Hard.

Der Anlaß für so viel Festlichkeit? Zu feiern gibt es nicht nur eine einzigartige länderübergreifende und -verbindende Initiative, zu feiern gibt es auch und vor allem die Wiederherstellung des Dampfschiffes »Hohentwiel«, das sich an diesem strahlenden Maitag zu seiner zweiten Jungfernfahrt rüstet. Dies ist eigentlich ein Widerspruch in sich. Ein Schiff jedoch, das eine Laufbahn wie die »Hohentwiel« hinter sich hat, darf getrost zum zweiten Mal geweiht werden und zum zweiten Mal seine Jungfernfahrt antreten. Daß es allerdings überhaupt so weit kam, ist der Tatsache zu verdanken, daß es da eine Idee

17. Mai 1990: Feierliche Einsegnung der wiedererstandenen »Hohentwiel« am Ausrüstungskai in Hard.

Landrat Klaus Henninger übergibt Projektleiter und Kapitän Reinhard E. Kloser das alte Königlich Württembergische Wappen in Bronze zur Erinnerung an die Renovierungszeit.

Mit Kapitän und Projektleiter Reinhard E. Kloser freut sich auch die Familie über die Wiederindienststellung des Schiffs.

gab, einen Verein und einige Männer von unerschütterlichem Durchhaltevermögen und mitreißendem Glauben an eine Sache: nämlich den letzten Raddampfer auf dem Bodensee zu renovieren. Um die Euphorie eines solchen Tages zu verstehen, müssen wir zurückblättern im Geschichtsbuch der Bodenseeschiffahrt und für einen Moment bei dem Datum verharren, das uns die Geburtsstunde der Dampfschiffahrt auf dem See signalisiert.

Wie alles anfing

Auch im April des Jahres 1818 hatten sich viele festlich gestimmte Menschen am Konstanzer Rheinufer eingefunden, um die erste Versuchsfahrt des Dampfschiffes »Stephanie«, benannt nach der damaligen Großherzogin von Baden, mitzuerleben. Das Schiff war von dem aus Zürich stammenden Johann Caspar Bodmer, einem ehemaligen Tuchscherer, Offizier und Spinnereifabrikanten, erbaut worden. Dem Einbau einer in England georderten Dampfmaschine hatten jedoch viele Widrigkeiten, vor allem finanzieller Art, im Weg gestanden, so daß Bodmer in seiner Not – die Stimmen der Mahner, das Schiff endlich fertigzustellen, waren überlaut geworden – eine kleine Dampfmaschine aus seinem ehemaligen Spinnereibetrieb einbaute. Und so kam es, daß jene festlich gestimmte Menschenmenge im April 1818 mit ansehen mußte, wie die »Stephanie« alles andere als eine triumphale Jungfernfahrt absolvierte, sondern mit der Strömung des Rheins flußabwärts getrieben wurde bis zum sogenannten Rheingarten, der sich ungefähr auf der Höhe des heutigen Stromeyerdorfes befand. Hier mußten die Fahrgäste das Schiff wieder verlassen und zu Fuß in die Stadt zurückkehren. Bei einem erneuten Versuch, einer zweiten Jungfernfahrt sozusagen, die am 29. April vonstatten ging, stand dann alles unter einem etwas besseren Stern. Unter den Augen vieler Zuschauer an den Ufern erreichte die »Stephanie« – mühsam, aber immerhin – von Konstanz aus in vier Stunden den Hafen von Meersburg. Die Rückfahrt freilich wurde dann doch zu viel für die strapazierte Dampfmaschine, und diesmal mußten die Fahrgäste – unter ihnen auch so mancher aus Honoratiorenkreisen – zu den Rudern greifen, um wieder nach Konstanz zu gelangen. Diese Mißgeschicke brachten dem ersten Bodenseedampfer den Spitznamen »Steh, fahr nie« ein und haben wohl zu der Entstehung jener Legende beigetragen, nach der sie nie wieder gefahren sei.

Diese ebenso anekdotenreichen wie denkwürdigen Ereignisse können als die Geburtsstunde der Dampfschiffahrt auf dem Bodensee angesehen werden. Die Starts der nachfolgenden Dampfer verliefen dann auch sämtlich erfolgreicher, ob es sich nun um die württembergische »Wilhelm« (1824), die bayerische »Max Joseph« (ebenfalls 1824) oder die badischen Schiffe »Leopold« und »Helvetia« (beide 1832) handelte. Sie alle hatten noch einen hölzernen Schiffskörper mit der Folge, daß der Rumpf der

Zeitgenössische Darstellung des ersten funktionstüchtigen Bodensee-Dampfbootes »Wilhelm« um 1825 in Friedrichshafen.

»Leopold« zum Beispiel schon in wenigen Jahren unbrauchbar geworden war. Eine neue »Leopold« – diesmal aus Eisen – hatte eine wesentlich längere Lebensdauer, nämlich bis ins Jahr 1905.
Rund um den Bodensee begann nun eine Entwicklung, die in allen Anrainerstaaten sehr ähnlich verlief. Anfangs waren es meist noch private Dampfschiffgesellschaften, die in den Wettbewerb eintraten. Sie wurden häufig von den jeweiligen nationalen Eisenbahngesellschaften abgelöst. Am schnellsten und unkompliziertesten funktionierte dieser Übergang in Württemberg, wo die »Württembergische Dampfschiffahrtsgesellschaft AG« mit Sitz in Friedrichshafen bereits 1854 von der Königlich

Das Dampfschiff »Leopold« gehörte zur frühen Generation der Bodenseedampfer. Diese fuhren bis zum Beginn dieses Jahrhunderts.

Württembergischen Staatseisenbahn (K.W. St. E.) übernommen wurde. Dahinter stand natürlich das Interesse der Eisenbahngesellschaft, am See eintreffendes Frachtgut auch auf dem Wasserweg in eigener Regie weiterzubefördern. So ergänzten sich diese beiden mit Dampf betriebenen Verkehrsmittel – ihre einzige technische Gemeinsamkeit – zumindest in der Bodenseeregion in idealer Weise, und auch der zunehmende Personenverkehr profitierte von dieser Symbiose. Die Jahre, in denen die Staatseisenbahnen auch über Dampfschiffe verfügten, werden deshalb als Blütezeit der Dampfschiffahrt auf dem Bodensee bezeichnet.
In der Frühgeschichte der Dampfschiffahrt befuhren die sogenannten Glattdeckdampfer den Bodensee, die hinsichtlich der Beförderung von Personen noch sehr wenig Komfort boten. Sie wurden abgelöst von den Salon- bzw. Halbsalonschiffen, mit denen Württemberg seine Bodenseeflotte ab 1880 nach und nach modernisierte. Da gab es zum Beispiel die drei sogenannten »Königsschiffe«, die Halbsalon-Raddampfer »König Karl« (1890), »Königin Charlotte« (1893) und »König Wilhelm« (1901). Die nachfolgenden Schiffe erhielten dann keine Königsnamen mehr. Hier muß festgehalten werden, daß der damalige König von Württemberg, Wilhelm II., von durchaus demokratischer und aufgeschlossener Gesinnung war und zur Bodenseeflotte Zeit seines Lebens ein gutes Verhältnis pflegte. Wenn das nächste Schiff, das im Auftrag der Württembergischen Staatseisenbahnen 1903 gebaut wurde und ein Nachbau der »König Wilhelm« war, dennoch keinen königlichen Namen mehr erhielt, sondern »Württemberg« getauft wurde, muß dies als sichtbares Zeichen der sich verändernden politischen und gesellschaftlichen Landschaft verstanden werden, was im Zusammenhang mit den allgemeinen Demokratiebestrebungen in Deutschland zu sehen ist.

Halbsalondampfer »Friedrichshafen«

1909 wurde ein weiterer Halbsalondampfer in Dienst gestellt: die »Friedrichshafen«. Schiffswerft war die Zürcher Firma Escher Wyss & Cie., die zu jener Zeit nahezu konkurrenzlos die Auftraggeber am Bodensee und an den Seen der Schweiz mit Schiffen belieferte.
Die »Friedrichshafen« war ein ausgesprochen elegantes Schiff, das ganz in der Tradition der sogenannten »Königsschiffe« stand. Wenn wir für einen Augenblick bei der Ausstattung dieses Schiffes verweilen, dann deshalb, weil es Vorbild für das spätere Schwesterschiff »Hohentwiel« war und weil man bei der spektakulären Restaurierung in den Jahren 1986 bis 1990 auf die Planungsunterlagen der »Friedrichshafen« zurückgreifen mußte, da die Pläne für die »Hohentwiel« wahrscheinlich den Luftangriffen auf Friedrichshafen im 2. Weltkrieg zum Opfer gefallen sind.
Die »Friedrichshafen« war mit 30 km/h aufgrund ihrer Maschinenleistung von 775 indizierten PS nicht nur das schnellste Kursschiff auf dem Bodensee, es war hinsichtlich seiner Ausstattung auch ein Spiegelbild des künstlerischen und kulturellen Selbstverständnisses des damaligen Königreiches Württemberg. Als Bernhard Pankok 1908 den Auftrag für die Ausstattung der »Friedrichshafen« erhielt, engagier-

te man mit ihm einen außerordentlich vielseitigen Künstler: er war Landschafts- und Porträtmaler, Opernausstatter, Designer – wie man ihn heute wohl bezeichnen würde – verschiedenster kunstgewerblicher Gegenstände im innenarchitektonischen Bereich. Pankoks Affinität zu moderner Technik prädestinierte ihn auch dazu, Dampf- und Luftschiffe mit seinen modernen und materialgerechten Kreationen auszustatten. Am Aufbau der Vereinigten Werkstätten in München war er maßgeblich beteiligt ebenso wie an der Kunstgewerbeschule in Stuttgart.

Die Aufgabe, das Dampfschiff »Friedrichshafen« auszustatten, hatte Pankok sich mit seinen beiden Stuttgarter Kollegen Paul Haustein und Rudolf Rochga zu teilen. Während Haustein die Entwürfe für die Damenkabine lieferte und Rochga für die Raucherkabine, fiel an Pankok bei dieser Aufgabenteilung der größte Anteil: nämlich die Gestaltung des ganzen Eingangsbereichs mit dem Niedergang zur Kajüte 2. Klasse und des Hecksalons 1. Klasse. Hergestellt wurde die Inneneinrichtung von den Stuttgarter Hofmöbelfabrikanten Brauer & Wirth. Das Ergebnis war überzeugend. Ein Zeitgenosse lobte die Ausstattung, »...bei der sich Ingenieurskonstruktion und modernes Kunstgewerbe zu schöner Einheit zusammengefunden haben.« Und noch 80 Jahre später hielt dieses Urteil jeder Kritik und allen inzwischen gewandelten Geschmacksrichtungen und Vorstellungen von einer adäquaten Inneneinrichtung stand.

Bernhard Pankok blieb es auch überlassen, das Wappen für die Radkästen zu entwerfen. Damit schuf er das Schmuckstück für die äußere Erscheinung der »Friedrichshafen« und später auch der »Hohentwiel«: von purpurrotem Grund hebt sich in durchbrochenem Bronzeguß das mit einer Krone versehene königlich württembergische Wappen ab, dessen Schild gehalten wird von einem gekrönten Löwen und einem Hirsch. Dessen prächtiges Geweih geht über in ein barock anmutendes Rankenwerk, das sich auf der gegenüberliegenden Seite wiederholt. Zu Füßen des Ganzen ein geschwungenes Band mit dem württembergischen Wahlspruch »furchtlos und trew«. Merkwürdigerweise fielen die Wappen sowohl der »Hohentwiel« als auch der »Friedrichs-

Das Original-Radkastenwappen der »Hohentwiel« von Bernhard Pankok, Stuttgart. Durchbrochener Bronzeguß auf dunkelrotem Grund.

hafen« weder der Materialknappheit im 1. Weltkrieg noch einer antimonarchistischen Bilderstürmerei in den Nachkriegsjahren zum Opfer, und sie wurden deshalb auch nicht zu »nützlicheren« Zwekken eingeschmolzen. Erst der 2. Weltkrieg forderte seinen Tribut: die bronzenen Wappen waren »kriegswichtiges« Buntmetall und wurden als solches 1941 requiriert. Von der Wiederherstellung dieses ebenso repräsentativen wie schmückenden Wappens im Rahmen der Restaurierung der »Hohentwiel« wird an anderer Stelle noch die Rede sein.

Der Bau der »Hohentwiel«

Das Jahr 1911 brachte für den Verkehr auf dem Bodensee einen ungeheuren Aufschwung mit bis dahin nicht gekannten Rekordzahlen. Sämtliche Gesellschaften, die sich am Dampfbootverkehr auf dem Bodensee beteiligten, beförderten in diesem Jahr insgesamt knapp 4,3 Millionen Passagiere, davon konnten die drei deutschen Länderbahnverwaltungen von Württemberg, Baden und Bayern mit rund 3 Millionen Fahrgästen den größten Anteil für sich verbuchen. Ihre Schiffe bedienten dabei die sogenannte Oberseelängslinie von Bregenz nach Konstanz und den Oberseequerverkehr Friedrichshafen – Schweizer Ufer und waren somit in die Kurse der Vereinigten Schiffahrtsverwaltungen für Bodensee und Rhein fest mit eingebunden. Ein großer Anziehungspunkt für Reise- und Schaulustige aus allen Gegenden des Deutschen Reiches waren in dieser Zeit auch die als besonders spektakulär empfundenen Starts und Landungen der Luftschiffe des Grafen Zeppelin. Damals konnte wohl niemand ahnen, daß dies schon ein Vorgeschmack auf den Erlebnis-Tourismus war, wie man ihn am Ende des 20. Jahrhunderts weltweit verzeichnet.

Die wachsende Nachfrage – noch wurden ja auch Güter auf dem Seeweg transportiert – machten mehr Kapazitäten notwendig, zumal der alte Glattdeckdampfer »Eberhard« aus dem Jahr 1870 in der Hauptreisezeit nur noch auf schwächer frequentierten Kursen eingesetzt werden konnte und obwohl es in der Flotte der k. u. k. Österreichischen Staatsbahnen bereits das für 1000 Fahrgäste zugelassene Zweideck-Salonschiff »Stadt Bregenz« gab. Auch Bayern hatte 1912 mit dem Halbsalondampfer »Bavaria« nochmals ein Schiff in Dienst gestellt.

Der Entschluß der Direktion der Königlich Württembergischen Staatseisenbahnen, ihrerseits nochmals ein Dampfschiff in Auftrag zu geben, stammte bereits vom 3. Mai 1911. Es sollte von vornherein ein Nachbau des Typs »Friedrichshafen« werden und war dementsprechend auch als Halbsalondampfer geplant. Allerdings sollte die Maschinenleistung wesentlich höher ausfallen. Niemand rechnete damit, aber es sollte der letzte Dampfer seiner Art werden, die Zukunft der Motorschiffe stand bereits unmittelbar bevor. Das neue Schiff unterschied sich äußerlich von der »Friedrichshafen« nur durch einen leicht abgeänderten Decksprung und um die Länge eines halben Fensters im Heck. Den Bauauftrag erhielt wiederum die Zürcher Firma Escher Wyss.

Von allem Anfang an stand fest, daß man das Schiff nach dem südlichsten Berg im Hegau, dem Hohentwiel, in der Nachbarschaft der Stadt Singen gelegen, benennen wollte. Dieser 689 Meter hohe Basaltkegel vulkanischen Ursprungs mit der darauf

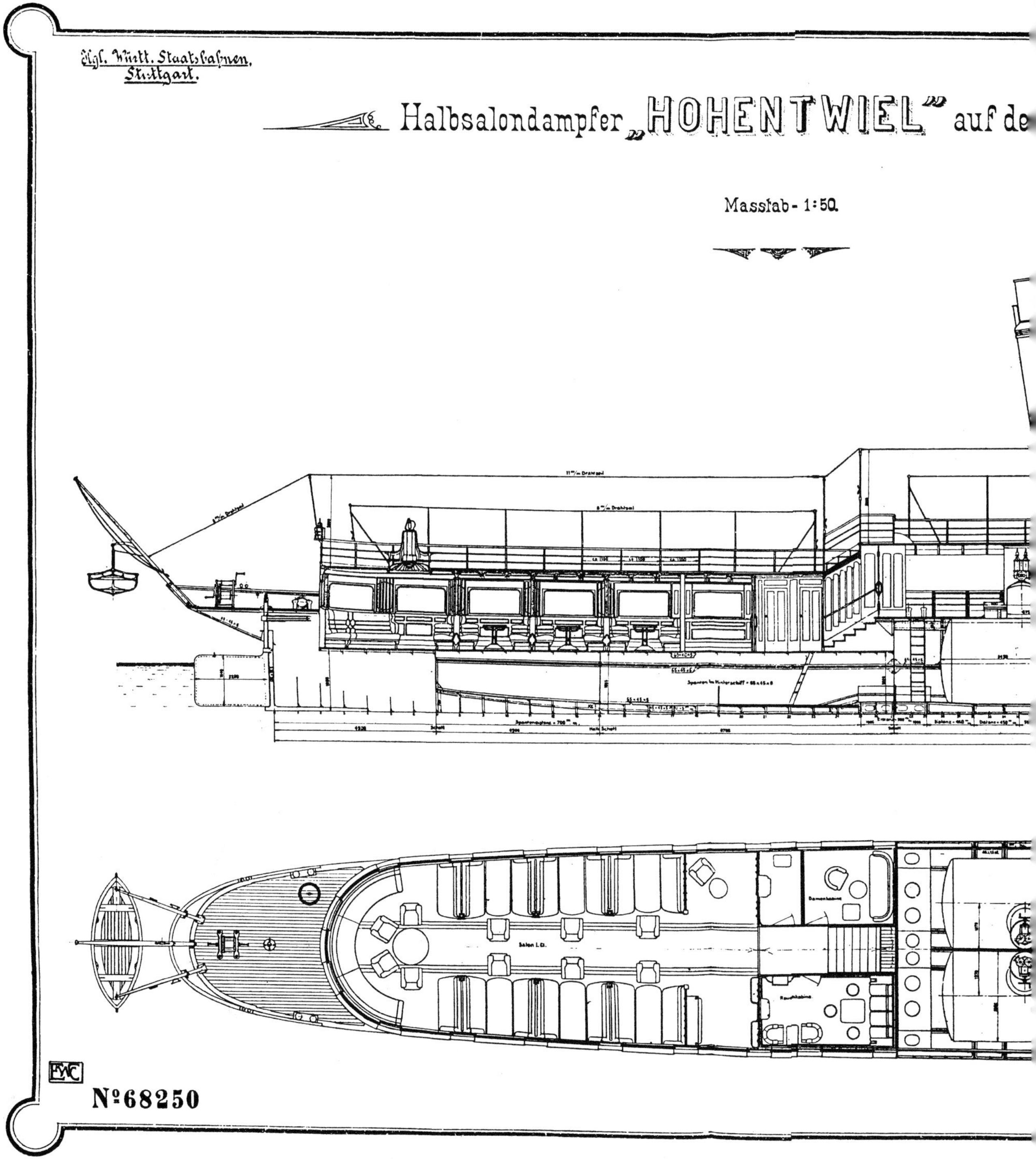
Kgl. Württ. Staatsbahnen,
Stuttgart.
Halbsalondampfer „HOHENTWIEL“ auf de
Masstab - 1:50
Salon I. Cl.
№68250

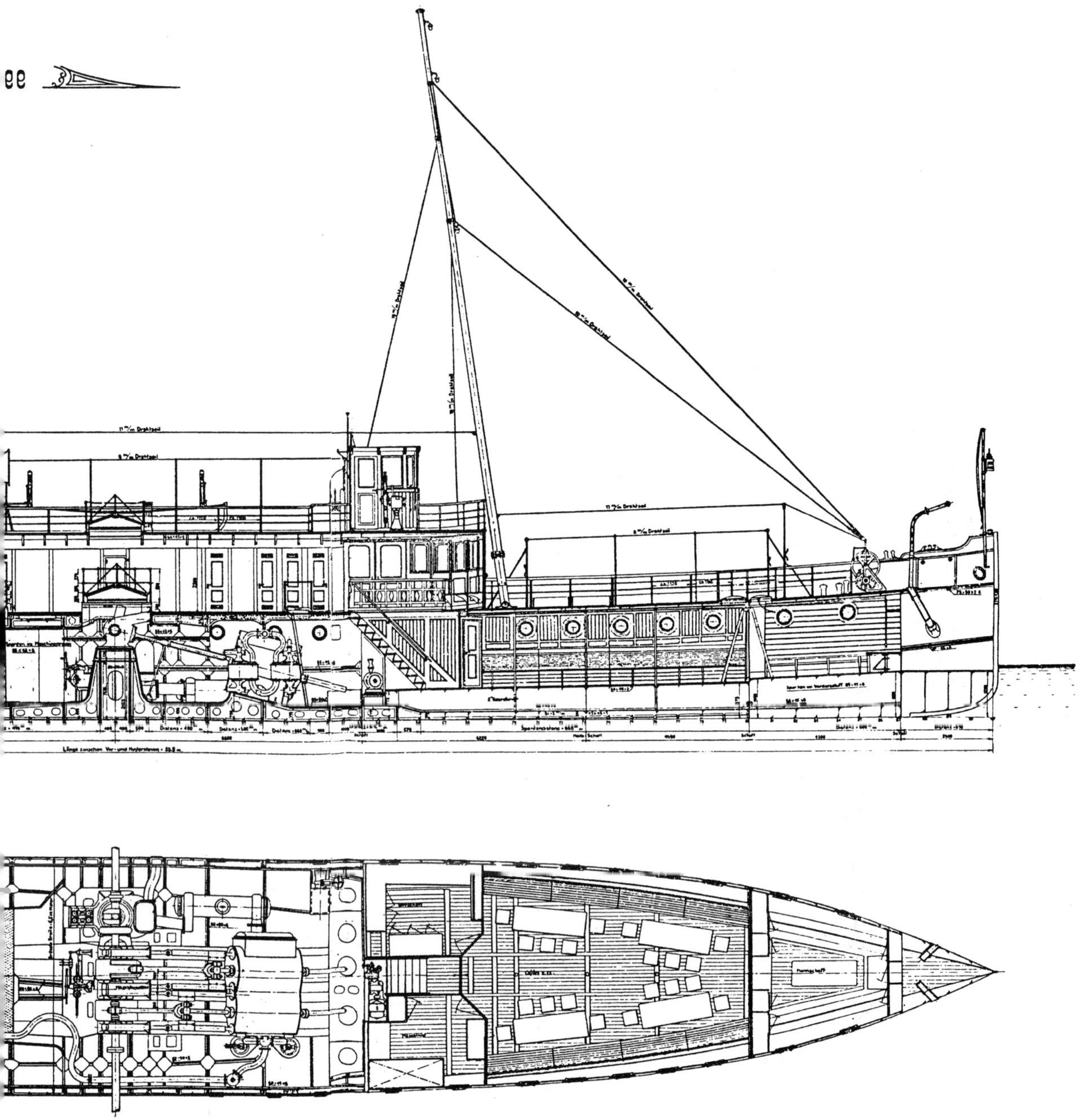

№68250

A102

befindlichen Festung gleichen Namens, einst Sitz alemannischer Herzöge, war seit 1538 eine württembergische Exklave und blieb es bis zur Gebietsreform im Jahre 1969. Was lag also näher, als mit der Namensgebung auch ein gewisses Besitzdenken zu demonstrieren?
Bereits im Herbst 1911 begann man bei Escher Wyss mit der Vormontage. Die Kesselanlage und die schrägliegende Zweizylinder-Heißdampfcompoundmaschine wurden von Escher Wyss geliefert. Diese Maschine verfügte über 950 PS. Sie war damit die leistungsfähigste auf einem Bodenseeschiff, und mit einer Höchstgeschwindigkeit von 31 km/h wurde die »Hohentwiel« dann auch zum damals schnellsten Schiff der Bodenseeflotte.

Wie wir bereits wissen, wurde die Innenausstattung wiederum Professor Pankok anvertraut, und sie sollte im wesentlichen der Ausstattung auf der »Friedrichshafen« entsprechen. Dies wurde auch so verwirklicht, wiederum mit den Stuttgarter Hofmöbelfabrikanten Brauer & Wirth als Lieferanten. Jedoch wurden noch einige zusätzliche gestalterische Anregungen und Elemente aus anderen Schiffen übernommen.
Die Fertigstellung der »Hohentwiel« ging zügig voran, so daß schon gleich Anfang Februar 1913 erste Standprobeläufe der Maschinenanlage stattfinden konnten, und bereits am 6. Februar hieß es erstmals »Leinen los« zur ersten Werft-Probefahrt aus eigener Kraft. Es folgten etliche weitere Probefahrten,

Escher Wyss-Werksmodell des letzten und größten württembergischen Halbsalondampfers »Hohentwiel« aus dem Jahre 1911.

Das Dampfschiff »Hohentwiel« in voller Fahrt auf dem Bodensee zwischen Hagnau und Immenstaad in den 20er Jahren.

bei denen man noch an einer größtmöglichen Optimierungseinstellung der Maschinenanlage arbeitete. Am 23. April 1913 war es dann aber endlich so weit: unter lebhafter Anteilnahme der regionalen Presse und in Anwesenheit von Honoratioren der Königlich Württembergischen Staatseisenbahnen, der Dampfschiffahrts-Inspektion Friedrichshafen und Vertretern der Firma Escher Wyss fand die offizielle Abnahmefahrt der »Hohentwiel« statt – mit großem Erfolg. Damit ging das Schiff in den Besitz der Württembergischen Staatseisenbahnen über. Die Kosten für die Eisenbahngesellschaft hatten bis dahin die stattliche Summe von 340 000 Mark erreicht. Nicht nur wegen ihrer hervorragenden Maschinenleistung, sondern auch wegen ihrer eleganten und komfortablen Innenausstattung sollte die »Hohentwiel« von nun an für Fahrten des württembergischen Hofes eingesetzt werden. Damit wurde sie die offizielle Nachfolgerin des »Königsschiffes« »Königin Charlotte«.

Krisenjahre

Für die Erfüllung hochgesteckter Pläne blieb freilich wenig Zeit. Schon ein Jahr später brach der 1. Weltkrieg aus. Mit höfischem Glanz war es vorbei, und den meisten Monarchien in Europa schlug die Todesstunde. Auch der König von Württemberg, Wilhelm II., mußte nach Kriegsende abdanken. Für die »Hohentwiel« bedeutete das Ende der Monarchie, daß sie im November 1918 ihr stolzes Attribut »königlich« abzulegen hatte.
Bevor sich die politische Landschaft jedoch so gravierend veränderte, gab es im letzten Friedensjahr noch ein paar Glanzlichter; Anlässe, die noch einmal gekrönte Häupter an Bord des eleganten Dampfers brachten: der Geburtstag des Grafen Zeppelin gehörte dazu oder auch der Besuch des Königs von Sachsen bei Wilhelm II. Ansonsten erfreute sich die »Hohentwiel«, die dank ihrer leistungsfähigen Maschinen wie auch das Schwesterschiff »Friedrichshafen« hauptsächlich die Kurse im Oberseelängsverkehr befuhr, großer Beliebtheit bei den Fahrgästen.
Weder die »Hohentwiel« noch die »Friedrichshafen« wurden während des Krieges trotz eines insgesamt eingeschränkten Fahrplans zu Zwangspausen verurteilt, obwohl sie einen verhältnismäßig hohen Verbrauch an Steinkohle hatten. Zu Unterbrechungen kam es erst in den wirtschaftlich schwierigen Nachkriegsjahren. Von Oktober 1919 bis April 1920 war der Schiffsverkehr zwischen Bregenz und Friedrichshafen beispielsweise sogar ganz eingestellt.
Die neue Reichsverfassung von 1919 sah vor, daß die bis dahin ländereigenen Eisenbahnen bis spätestens April 1921 in den Besitz des Deutschen Reiches übergehen sollten. Davon war natürlich auch die Württembergische Staatsbahn betroffen und mit ihr die Bodenseeschiffahrt, die mit Wirkung vom 1. April 1920 Bestandteil der Deutschen Reichsbahn wurde. Die junge Republik versuchte nun auch, in kleinen, äußerlich sichtbaren Zeichen, Präsenz zu demonstrieren. Das zeigte sich in einer Reihe von Umtaufmaßnahmen, denen nun die meisten monarchistisch gefärbten Namen badischer, bayerischer und auch österreichischer Schiffe geopfert wurden. Nicht so allerdings geschah es mit den württembergischen. Warum? Möglicherweise reichte die Popularität des abgedankten württembergischen Königshauses, das nun seinen Wohnsitz in Friedrichshafen genommen hatte, aus, um auch die Namen der sogenannten »Königsschiffe« beizubehalten. Es kreuzten neben der »Württemberg«, der »Friedrichshafen« und der »Hohentwiel« also weiterhin die »König Karl«, die »Königin Charlotte« und die »König Wilhelm« über den Bodensee.

Zwischen den Kriegen

Wenn sich vor dem 1. Weltkrieg jemand auf Reisen begab, so geschah dies meist in einer bestimmten Absicht und um ein bestimmtes Ziel zu erreichen. Eisenbahnen und Kursschiffe dienten deshalb in der Regel als bloße, wenn auch praktische Transportmittel. Das Reisen zum reinen Vergnügen war bis dahin nur wenigen, wohlhabenderen Bevölkerungskreisen vorbehalten und spielte deshalb noch keine dominierende Rolle.

Die »Hohentwiel« im Lindauer Hafen um 1925.

In den Nachkriegsjahren sollte sich dies grundlegend ändern. Trotz der wirtschaftlich katastrophalen Lage und der Inflation in Deutschland erholte sich der Schiffsverkehr auf dem Bodensee rasch, und damit erreichten die Zahlen der beförderten Personen zum Beispiel für das Jahr 1924 bereits wieder Millionenhöhe. Mit der größer gewordenen Mobilität, den wachsenden Radien, in denen man sich bequem bewegen konnte, entdeckten die Menschen eine neue Reiselust. Einem solchen Ansturm waren die auf dem Bodensee üblichen Schiffstypen der Halbsalondampfer nicht gewachsen, zumal der Ruf nach besser ausgestatteten Kajüten der 2. Klasse immer lauter wurde. Wer sich auf eine »Lustfahrt«

begibt – so nannte man damals schlichte Ausflugsfahrten –, möchte sich kaum in den zu jener Zeit üblichen dunklen Vorschiffskajüten 2. Klasse unter Deck auf kargen Holzbänken oder im engen Eingangsbereich drängen, und diejenigen, die sich in solche Verhältnisse schicken mußten, machten rund zwei Drittel der Passagiere aus. Dem zahlungskräftigeren Publikum blieben die hellen, luftigen, eleganten Hecksalons vorbehalten, die auch den freien Ausblick auf den See und die vorüberziehende Uferlandschaft boten, die also jenes Ambiente verbreiteten, das man sich als Reisender eigentlich wünscht.

Man mußte sich also ernsthaft Gedanken darüber machen, wie man den herrschenden Zuständen begegnen könnte. Das tat man dann auch, und die Deutsche Reichsbahn versuchte nun, die Schiffe in große, mittlere und kleine Einheiten neu zu ordnen. Zwar dominierten immer noch die Dampfschiffe, aber nach 1925 wurden im Zuge der Anpassung an die neuen Fahrgastfrequenzen bereits die ersten Dieselmotorschiffe mit einem Fassungsvermögen für rund 100 bis 300 Personen eingeführt. Gegen Ende der 20er Jahre kamen dann schon die ersten großen Fahrgastschiffe als sogenannte Großsalonschiffe auf.

Da man die neue Technik des Dieselantriebs noch nicht genügend ausgetestet hatte, baute man vorsichtshalber die bayerische »Allgäu« als Motorschiff, die badische »Stadt Überlingen« aber noch als Dampfschiff. Man hoffte bei der Deutschen Reichsbahn, dadurch neue Vergleichs- und Erfahrungswerte zu erhalten.

Trotz aller Neuerungen konnte man auf die relativ jungen und gut erhaltenen Halbsalondampfer noch nicht verzichten, und so entschloß man sich zu einer Reihe von Umbauten, um den neuen Ansprüchen der Zeit besser gerecht werden zu können.

Die »Hohentwiel« in den 50er Jahren vor Langenargen.

Spätere Umbauten

Von den Umbaumaßnahmen blieb auch die »Hohentwiel« nicht verschont. Schon 1929/30 hatte der bayerische Dampfer »Lindau« einen neuen geräumigen Salon 2. Klasse in Form eines Überbaus der Vorschiffskajüte erhalten. Ein Jahr später erhielt die in Romanshorn stationierte »Rhein« neue Salonaufbauten nach gleichem Muster. Nach diesen Beispielen verfuhr man auch bei der »Hohentwiel«, aber – um das Ergebnis gleich vorwegzunehmen – sie büßte damit ihre elegante und ideal proportionierte Linienführung ein. Als die »Hohentwiel« im Winter 1933/34 ihren Heimathafen Friedrichshafen verließ, konnte niemand ahnen, daß sie knapp 60 Jahre später in ihrem ursprünglichen Aussehen hier wieder einlaufen würde. Zunächst aber wurde sie zur Bodanwerft Kressbronn gebracht.

Hier erhielt die »Hohentwiel« über dem Vorschiff einen trapezförmigen Speisesalon 1. Klasse, darüber entstand ein neues, offenes, mit Bänken und Stühlen bestücktes Oberdeck, ebenfalls 1. Klasse. Nun hatte das Schiff also zwei offene Oberdecks – beide waren mit einem Sonnendach versehen –, die aber nur für die Passagiere der 1. Klasse reserviert waren. Das Steuerhaus wurde ein Deck höher über das neue Treppenhaus und den Rauchersalon gelegt, ebenso der vordere Mast; die vorderen Windhutzen wurden ersatzlos entfernt, die hinteren dafür höher gesetzt. Dies alles geschah auf Kosten des einstmals so prächtigen Hecksalons, der dem Umbau vollends zum Opfer fiel. Er wurde zum Fahrgastraum 2. Klasse umfunktioniert. Das bedeutete, daß die kostbare Holzvertäfelung mit weißlackierten Wandpaneelen einfach übernagelt wurde, daß die Salondecke herausgerissen wurde, so daß die Deckstráger nun freilagen, daß die plüschgepolsterten Sitzmöbel blanken Holzstühlen weichen mußten, die um ebenso blanke Holztische angeordnet wurden. Ein übriges kam hinzu: aus der eleganten Damenkabine wurde ein Getränkebuffet und aus dem Rauchersalon ein Gepäckraum. Von der ganzen Jugendstilpracht war nichts mehr übriggeblieben, aber dies entsprach durchaus dem Zeitgeschmack der 30er Jahre.

Im darauffolgenden Winter 1934/35 erfolgten nochmals ein paar umbaubedingte Veränderungen. Die Radkästen wurden vorne um 1,5 Meter verkürzt, damit der Eingangsbereich neu gestaltet werden konnte. Dieser Umbauphase fielen die Kapitänskammer und der Postraum zum Opfer. Aber auf dem Oberdeck erhielt das Schiff nun eine richtige Kommandobrücke und ein geräumiges Steuerhaus. Auch wurden Küche und Toiletten modernisiert. Auf dem achteren Deck wurde noch ein Gaffelmast errichtet. Er war dazu bestimmt, die von Zeit zu Zeit fällige Festbeleuchtung mitzutragen.

Die neuen Aufbauten mochten zweckmäßig gewesen sein, aber sie hatten Folgen für das Schiff: die Stabilitätswerte verschlechterten sich deutlich. Selbst unbeladen verschwand die ursprüngliche Konstruktionswasserlinie im Bereich des Vorschiffs weit unter der Wasseroberfläche. Ein Ausgleich fand erst statt, als unterhalb des Hecksalons Ballast eingebaut worden war. Und nachdem seitliche Stabilitätswülste in Form eines Satteltanks – je ein Paar am Vor- und am Achterschiff – auf Höhe der Wasserlinie angebracht worden waren, erhöhte sich die Stabilität entsprechend. Allerdings hatte das Schiff etwas von seiner ursprünglichen Höchstgeschwindigkeit eingebüßt. Statt der bisherigen 31

km/h reduzierte sie sich nun auf 28 km/h. Dies konnte jedoch mit Gelassenheit in Kauf genommen werden, da die Fahrpläne für den Bodensee ohnehin nur eine durchschnittliche Kursgeschwindigkeit von 22 bis 24 km/h vorsahen.
Die »Hohentwiel« fuhr auch in den 30er Jahren ihren Kurs auf der Oberseelängslinie. Der Ausflugsverkehr nahm noch immer mit großer Beständigkeit zu und mit ihm die Zahl der Fahrgäste. Hinzu kamen viele Sonderfahrten. Das Urlaubs- und Reiseprogramm »Kraft durch Freude« – jene damals durchaus populäre Freizeit-Erfindung der Nationalsozialisten – machten sie notwendig. So kam für die »Hohentwiel« eine jährliche Leistung von 20 000 bis 25 000 gefahrenen Kilometern zusammen.

F 963 – Krieg und Nachkriegszeit

Die zweite Hälfte der 30er Jahre waren ruhige Jahre, die ihr abruptes Ende mit dem Ausbruch des 2. Weltkrieges fanden. Der Verkehr wurde zunächst, zwar mit eingeschränktem Fahrplan, auf der Oberseelängslinie, die ja auch die »Hohentwiel« befuhr, aufrechterhalten. Allerdings wurde bald der Dieseltreibstoff rationiert. Das hatte zur Folge, daß nach und nach alle Motorschiffe ihren Dienst einstellen mußten. In Zahlen ausgedrückt heißt dies, daß dem Verkehr auf dem Bodensee insgesamt zehn große Schiffe verlorengingen – einschließlich jener in Österreich, das seit dem »Anschluß« 1938 ja offiziell zu Deutschland gehörte. So kam es noch einmal zu einem ganzjährigen »Großeinsatz« der noch vorhandenen Dampfschiffe, denn Kohle war immer noch in ausreichender Menge vorhanden.
1943 erhielten die deutschen Bodenseeschiffe zum Schutz vor eventuellen Luftangriffen durch die Alliierten einen grauen Tarnanstrich. Zu verheerenden Luftangriffen, die Friedrichshafen als Schwerpunkt kriegswichtiger Industrie in Schutt und Asche legten, kam es zum ersten Mal in der Nacht vom 27. auf den 28. April 1944. Auf der Werft detonierten Volltreffer, und die »Friedrichshafen«, die hier gerade auf der Helling lag, wurde getroffen und brannte vollständig aus. Ihre Schale wurde später mit Beton ausgefüllt und vor der Argenmündung versenkt. Auch die »Württemberg« wurde ein Opfer der Angriffe. Durch in der Nähe explodierende Bomben wurde ihr Rumpf leckgeschlagen, so daß sie an der Pier im Hafenbecken auf Grund ging. Es gelang zwar, sie einige Tage später zu heben, aber ein weiterer Angriff alliierter Bomber zerstörte sie dann völlig. Die »Hohentwiel« hätte leicht ein gleiches Schicksal ereilen können, aber sie hatte Glück. Gerade noch rechtzeitig traf am 27. April eine Luftlagemeldung ein, durch die das Schiff kurz vor seinem Auslaufen aus dem Konstanzer Hafen zurückgehalten wurde. So entging wenigstens die »Hohentwiel« dank eines glücklichen Zufalls ihrer Vernichtung.
Infolge der wachsenden Gefahr durch die Luftangriffe wurde der Schiffsverkehr weiter eingeschränkt und ab 1. Oktober 1944 zwischen Friedrichshafen und Bregenz ganz eingestellt. Auf dem Überlinger See verkehrten die Schiffe überwiegend erst nach Einbruch der Dunkelheit und mit abgeblendeten Positionslampen.
Trotzdem kann man wohl sagen, daß die Bodenseeflotte, was die reinen Verluste anbelangt, noch

glimpflich davongekommen ist. Das nützte zunächst freilich wenig. Nach Kriegsende und dem Einmarsch der Franzosen im Mai 1945 wurde der Schiffsverkehr auf dem See erst einmal eingestellt. Während deutsche Schiffe dann ab Juni 1945 ihre Dienste wieder aufnehmen durften, gelang es vermittels einer Sondergenehmigung der französischen Militärbehörden schon früher, mit dem österreichischen Dampfschiff »Stadt Bregenz« einen, wenn auch äußerst spärlichen Längskurs an drei Tagen in der Woche wieder aufzunehmen.
Alle deutschen Schiffe auf dem Bodensee hatten in den Jahren 1947 bis 1952 oberhalb der Ankerklüse eine Registriernummer der französischen Besatzungsmacht zu tragen. Die »Hohentwiel« fuhr nun unter der Nummer F 963.

Das Ende einer Ära

Wenn man vom Ende einer Ära spricht, so sah es zunächst noch gar nicht danach aus. In der allgemeinen Aufbruchsstimmung nach Kriegsende krempelte man allenthalben die Ärmel hoch, um sich neue Perspektiven zu eröffnen. Noch bevor die deutschen Schiffe überhaupt den Bodensee befahren durften, ging man daran, ihnen ihre ursprüngliche weiße Farbe zurückzugeben. Die »Hohentwiel« war als erstes Schiff an der Reihe. Ab 1949 normalisierte sich der Linienverkehr allmählich wieder, und immer noch gehörte die »Hohentwiel« zu den am meisten eingesetzten Schiffen und absolvierte ihre täglichen Kurse von ihrem Heimathafen Friedrichshafen aus. Um den Fremdenverkehr wieder zu beleben, wurden zwischen 1950 und 1954 Wettfahrten um das »Blaue Band vom Bodensee« veranstaltet, eine Art Reminiszenz an die Wettfahrten um das »Blaue Band« auf dem Atlantik, mit denen bekanntlich das tragische Schicksal der »Titanic« aufs engste verbunden war. Diese Spektakel entwickelten sich zu einer ausgesprochenen Touristenattraktion und wurden gerne und viel besucht, zeitigten also den gewünschten Erfolg. Die »Hohentwiel« war selbstverständlich mit von der Partie und belegte beim ersten Rennen im September 1950 nach dem österreichischen Motorschiff »Austria« den zweiten Platz. Einen zweiten Rang erreichte sie nochmals 1954 hinter der »Stadt Überlingen«. Nach der fünften Wiederholung hatten diese Wettfahrten dann schon ein Ende. Zu teuer und zu beträchtlich waren die Schäden, die an den Kessel- und Maschinenanlagen sowie an den Schaufelrädern durch sie entstanden waren.
Der Februar 1957 war der Monat, in dem die »Hohentwiel« als letztes deutsches Dampfschiff noch einmal im Wintereinsatz fuhr, und zwar im Rahmen eines vierwöchigen Steuermann-Lehrgangs. Ab 1960 wurden die fahrplanmäßigen Winterkurse auf dem Obersee dann generell eingestellt. Zwar fuhr die »Hohentwiel« ihre Sommerkurse auch 1960 noch, aber das Ende der Dampfschiffahrt wurde bereits eingeläutet. Das große Dampfschiffsterben begann dem Willen der Betreiber entsprechend, im Falle der »Hohentwiel« war es nun die Deutsche Bundesbahn. Nachfolger der altehrwürdigen Dampfschiffe sollten die neuen modernen Großmotorschiffe werden. Teilweise waren sie bereits geordert bzw. befanden sich schon in Bau.
Für kurze Zeit – von 1960 bis 1962 – wurde Konstanz der Heimathafen der »Hohentwiel«. Sie

durchkreuzte in der Saison 1961 ausschließlich den Überlinger See, den sie in früheren Jahren nur im Rahmen von Sonderfahrten befahren hatte. Nach Abschluß dieser Saison sollte eigentlich auch die letzte Stunde für die »Hohentwiel« schlagen, nach 48 Betriebsjahren sollte sie endgültig ihren Dienst einstellen.

Da trat ein Ereignis ein, das – einem retardierenden Moment gleich – der »Hohentwiel« die Lebensdauer noch etwas verlängern sollte. Im November 1961 ereignete sich auf der Bodanwerft in Kressbronn ein größeres Explosionsunglück, welches das gerade in Bau befindliche Ersatzschiff für die »Hohentwiel«, das Motorschiff »München«, schwer in Mitleidenschaft zog. Die »München« konnte infolgedessen nicht pünktlich abgeliefert werden. Das bedeutete eine Gnadenfrist für die »Hohentwiel« für eine weitere Saison – bis zum Konstanzer Seenachtsfest am 4. August 1962. Mit vielen Schaulustigen an Bord, die das berühmte Feuerwerk im Konstanzer Trichter bestaunen wollten, war die »Hohentwiel« in die Bucht eingefahren. Doch hier angekommen, barst der Deckel des Anfahrventils an der Hauptdampfleitung. Man hatte es zuvor nur provisorisch und offensichtlich wenig fachmännisch repariert. Die »Hohentwiel« wurde durch diesen höchst gefährlichen Zwischenfall manövrierunfähig und mußte in den Konstanzer Hafen geschleppt werden.

Im November 1962 wurde nun auch die »Hohentwiel« endgültig ausgemustert, immerhin hatte sie es inzwischen auf stolze 49 Betriebsjahre gebracht. Eine ehrenvolle Ära hatte nun ihr Ende gefunden.

Bregenzer Jahre

Was tun mit einem ausgedienten Schiff? Obwohl es 1962 durchaus schon Denkanstöße gab, die »Hohentwiel« als Museum und als Beispiel einer immerhin 150jährigen Dampfschifftradition zu erhalten, so sah es doch eher danach aus, daß auch sie den Weg aller anderen zuvor ausgemusterten Dampfschiffe gehen müßte, nämlich den in die Abwrackwerft.

Weil man im Bregenzer Segelclub (BSC) jedoch durch ein kleines Zeitungsinserat auf die »Hohentwiel« am anderen Ende des Sees aufmerksam geworden war, entging der einstmals so stolze Raddampfer diesem Schicksal. Seit längerer Zeit auf der Suche nach einem geeigneten Clubheim, sah man beim BSC eine höchst willkommene Möglichkeit, auf der »Hohentwiel« die lange herbeigewünschten Clubräume einzurichten. Man wurde handelseinig, und das Schiff wechselte seinen Besitzer.

Am 22. April 1963 schleppte das Motorschiff »Feldkirch«, das eigens aus Bregenz gekommen war, die »Hohentwiel« von Konstanz aus an ihren neuen Standort – keine leichte Aufgabe, mit 150 PS ganze 314 Tonnen in Bewegung zu setzen! Wem auch immer wehmütig ums Herz geworden war, mochte vielleicht ein bißchen aufgemuntert werden angesichts des kleinen Scherzes, den die Mannschaft sich beim Einlaufen in die Bregenzer Bucht erlaubte. Die Spaziergänger, die sich an diesem strahlend schönen Frühlingstag auf der Uferpromenade aufhielten, konnten staunend eine wie von Geisterhand gesteuerte »Hohentwiel« beobachten, wie sie sich langsam – unter Dampf stehend, aber mit stillstehenden Schaufelrädern – in das Hafenbecken hineinschob.

Jahrelang lag die »Hohentwiel« als Restaurant und Klubheim des Segelclubs in Bregenz.

Der Trick war ganz einfach gewesen: man hatte mit den letzten Kohlenresten kurzerhand ein Feuer in den Flammrohren entfacht und den Schornstein damit unter Rauch gesetzt. Und die kleine »Feldkirch« war hinter dem massiven Schiffskörper der »Hohentwiel« gänzlich verborgen geblieben und erst beim Anlegemanöver sichtbar geworden. So konnte die optische Täuschung einer Geisterfahrt entstehen.

Im Bregenzer Hafen erhielt die »Hohentwiel« zunächst einen neuen, strahlend weißen Anstrich, und vom Schornstein winkten nun die rot-weiß-roten Streifen der österreichischen Landesfarben. Umbaumaßnahmen waren dann der Beginn von Verstümmelungen, die zunächst freilich nur im Inneren zu erkennen waren. Die Radkästen sollten zu Lagerräumen umfunktioniert werden. Dafür wurde jeweils die obere Hälfte der Schaufelräder geopfert, indem sie nicht etwa abmontiert, sondern von Schneidbrennern brutal abgetrennt wurden. Abgetrennt wurden auch der Ruderschaft auf halber Länge am Heck und die Kolbenstange des Hochdruckzylinders. Dadurch sollte Platz für einen Abwassertank geschaffen werden. Nachdem auch noch andere Bauteile wie Aggregate, Ventile, Turbogenerator und anderes verschrottet waren, mußte von einer eventuellen Wiederinbetriebnahme der »Hohentwiel« für alle Zeiten Abschied genommen werden. Für alle Zeiten? Wir wissen es heute besser. Aber jetzt, im Mai 1964, wurde die »Hohentwiel« an ihrem neuen Liegeplatz im Segelhafen festgemacht, den sie in den nächsten 20 Jahren nicht mehr verlassen sollte. Segler, Freizeitkapitäne, Spaziergänger, Urlauber, Einheimische – sie alle nahmen das für jedermann offenstehende Restaurant des Clubheims begeistert an, genossen die noch vorhandene Atmosphäre des alten Dampfers und ließen es sich bei »Seemannsfrühstück« oder »Dämmerschoppen« wohl sein.

Doch plötzlich, man schrieb inzwischen das Jahr 1966, machte der Landschaftsschutz von sich reden. Laut einer Verordnung mußte die Rauchkappe des Schornsteins gekappt, mußten Steuerhaus und Kommandobrücke entfernt werden. Hat die Schiffssilhouette wirklich so nachhaltig das Landschaftsbild gestört? Auf jeden Fall war dies ein weiterer Schritt in Richtung Verstümmelung der »Hohentwiel«.
Nach Jahren der Ruhe gab es nochmals Schlagzeilen. Das war 1977, als ein Herbststurm die »Hohentwiel« von ihrer Vertäuung losriß und sie in Richtung Bregenzer Segelhafen trieb. Für einige dort liegende Yachten ging das nicht ohne Schaden vonstatten. Per Seilwinde der Freiwilligen Feuerwehr wurde die »Hohentwiel« an ihren Liegeplatz zurückgebracht.
Aber inzwischen hatte der Zahn der Zeit genagt, die »Hohentwiel« sah ziemlich heruntergekommen aus, und aus einem einstigen Schmuckstück an der Uferpromenade drohte nun ein Schandfleck zu werden. Forderungen wurden laut, ihn zu entfernen, und fast sah es so aus, als würden jetzt doch noch Schneidbrenner und Abwrackwerft zur letzten Station werden. Da wurde von unerwarteter Seite Hoffnung signalisiert.

Ein Verein zur Rettung der »Hohentwiel«

Die Erhaltung des letzten Schaufelraddampfers war plötzlich wieder ein Thema, sogar von internationalem Interesse, rund um den Bodensee geworden. Man war im Jahr 1984 längst von der ausschließlichen Technik- und Fortschrittsgläubigkeit der 60er Jahre abgerückt und begann, sich wieder auf traditionelle Werte zu besinnen. 1983 trat auf Anregung der »Internationalen Bodenseekonferenz« eine Privatinitiative ans Licht der Öffentlichkeit, die den Gedanken der frühen 60er Jahre, aus der »Hohentwiel« ein schwimmendes Museum zu machen, wieder aufgriff.
Trotzdem war es bereits fünf Minuten vor zwölf, als sich am 5. Oktober 1984 auf dem Gebhardsberg oberhalb von Bregenz der Verein »Internationales Bodensee-Schiffahrtsmuseum« mit der Zielsetzung konstituierte, das ehemalige Dampfschiff »Hohentwiel« als schleppbares Schiffahrtsmuseum zu restaurieren. Das Schiff sollte ohne funktionsfähigen Antrieb mit den darauf befindlichen Exponaten in den diversen Bodenseehäfen regelmäßig vor Anker gehen. Im Frühjahr 1985 fand in Romanshorn eine Vorstandssitzung statt. Hier machte ich den Vorschlag, nachdem ich die Machbarkeit an Bord eingehend untersucht hatte, auch die Maschinenanlage wieder vollständig zu aktivieren und die »Hohentwiel« aus eigener Kraft fahren zu lassen. Allein der Gedanke, daß dieses Schiff als funktionsunfähiges Mausoleum über den See geschleppt werden sollte, erschien mir außerordentlich bedrückend. Mein Vorschlag stieß sofort auf großes Interesse beim

Überführung der »Hohentwiel« vom Segelhafen Bregenz zur Werft in Fussach im Oktober 1994.

Vereinspräsidenten Landrat Klaus Henninger, der mich ermunterte, ihn auszuarbeiten und zu konkretisieren. Eine Besichtigungsfahrt der Vorstandschaft zu diversen Dampfschiffen am Vierwaldstätter See konnte nun auch die Skeptiker von meiner Idee überzeugen. Sie wurde dann mit viel Überzeugungskraft in den Anrainerstaaten rund um den Bodensee vertreten. Die Devise, unter der man kurz darauf antrat, lautete »Die ›Hohentwiel‹ muß wieder fahren!« Es gab von nun an kaum eine Messe oder Ausstellung, auf der nicht Plakate mit diesem Motto auftauchten, die in der breiten Öffentlichkeit für die Restaurierung des alten Raddampfers werben sollten. Denn wenn eines jetzt von der Vereinsspitze gefragt war, dann waren es Ideen, wie man die nötigen Finanzmittel zusammenbekommen sollte. Hier leistete vor allem der Vereinspräsident grandiose Überzeugungsarbeit.

Im Oktober 1984 wurde die schrottreife »Hohentwiel« zunächst einmal aus dem Bregenzer Hafen entfernt und in den Hafen der Österreichischen Schiffswerften AG in Fussach verholt. Hier blieb sie bis zum November 1986 vertäut, zusammen mit anderen ausgedienten Schiffen und einer alten Fähre aus Konstanz. Gutachter, Schiffingenieure, Kalkulatoren traten nun auf den Plan. Es war notwendig, anhand substantieller Untersuchungen festzustellen, ob eine Wiederherstellung zum einen überhaupt möglich und zum anderen finanzierbar war.

Die Auskünfte, die der Verein »Internationales Bodensee-Schiffahrtsmuseum« diesbezüglich von einschlägigen Werften und Anbietern bekam, waren ebenso niederschmetternd wie entmutigend. Die Kostenvoranschläge für die Restaurierung des Raddampfers bis hin zur Betriebsfähigkeit ohne jede Innenausstattung oder Ausrüstung beliefen sich bereits auf 7 Millionen DM und waren damit indiskutabel. Den Verantwortlichen im Vereinsvorstand wurde klar, daß bei den Anbietern aufgrund zu vieler Unwägbarkeiten und angesichts der Komplexität und Kompliziertheit des Projekts, das außerordentlich arbeitsintensiv zu werden versprach, kaum ein echtes Interesse an der Instandsetzung der »Hohentwiel« bestand.

Man ließ sich jedoch nicht entmutigen. Nachdem ich zum Projektleiter gewählt worden war, entwikkelten wir ein neues, ungewöhnliches Konzept, das eine Instandsetzung ohne Hinzuziehung einer Werft ermöglichte. Man teilte den Renovierungsplan in voneinander getrennte Einzelabschnitte, um die Aufträge an mittelständische Unternehmen, Zulieferer und kleinere Industriebetriebe vergeben zu können. Gerade rechtzeitig signalisierte die Gemeinde Hard, daß sie ihren Industriehafen zu einem symbolischen Pachtzins von öS 100 dem Vorhaben zur Verfügung stellen wollte.

Nun kam Bewegung in die Sache. Erste Aufträge gingen an Fachbetriebe in der Nähe, andere Betriebe traten von sich aus an den Verein heran, um sich an der Renovierung zu beteiligen. Teilweise boten sie ihre Mitarbeit in Form von Sponsoring an, teilweise kalkulierten sie äußerst kostengünstig. Der Kostenvoranschlag sah nun mit 2,7 Millionen DM sehr viel günstiger aus. Dies bezog sich allerdings auf eine »Sparversion« ohne aufwendigen Innenausbau und nur mit den notwendigsten technischen Einrichtungen. Aber immerhin ...

Vereinspräsident Klaus Henninger hatte außerdem nachhaltig interveniert und so den ersten großen Erfolg auf der internationalen Bühne in Sachen »Hohentwiel« erzielt: die »Internationale Bodenseekonferenz« – so nennt sich eine regelmäßig stattfindende Tagung der Bodenseeanrainerstaaten – machte die Renovierung zu ihrer eigenen Sache und sagte die Übernahme der anfallenden Kosten in Höhe von 50 Prozent zu. Das bedeutete: grünes Licht! Zwar blieb dem rund 200 Mitglieder starken Verein immer noch ein kräftiger Finanzierungsbrocken. Aber die Werbekampagnen in der gesamten Region gingen weiter, nirgends blieb das Vorhaben unerwähnt, ein Kredit der Schweizer Kantonalbank schließlich und der Einfallsreichtum des Vereinsvorstands taten ein übriges – man konnte beginnen.

An der Abwrackpier in Fussach im Winter 1985.

Schwerarbeit – die Renovierung

Von vornherein war man sich darüber einig, daß die »Hohentwiel« wieder in ihren Originalzustand von 1913 zurückversetzt werden sollte. Das Schiff hatte jedoch im Laufe der Jahre bekanntermaßen eine Reihe von Umbauten erfahren, auf die man bei der Renovierung durchaus verzichten konnte. Die Konzeption sah dennoch vor, die »Hohentwiel« darüber hinaus in einen Zustand zu versetzen, daß sie für Sonderfahrten auf dem Ober- und dem Überlinger See auch zugelassen werden konnte. Das hieß, daß bei aller Nostalgie auf moderne Technik nicht verzichtet werden konnte und sollte. Die Konzeption sah außerdem vor, die Innenausstattung authentisch zu rekonstruieren, dennoch wollte man natürlich keine Unterteilung in zwei Passagierklassen mehr hinnehmen. Auch mußten Gastronomie und sanitäre Anlagen den heutigen Ansprüchen genügen. Hier die richtigen Entscheidungen zu treffen, kam einem Balanceakt gleich, es mußte ein Kompromiß gefunden werden, den alle Beteiligten mittragen konnten. Hinzu kamen die Probleme des Umweltschutzes und das Vermeiden jeden Risikos im Sicherheitsbereich. Zudem sollten alle modernen technischen Einrichtungen für die Fahrgäste möglichst unsichtbar bleiben.
Als die Abbrucharbeiten im Industriehafen von

Hard im Winter 1986/87 begannen, sanken die Temperaturen weit unter die Null-Grad-Grenze, so daß der Schiffsrumpf der »Hohentwiel« bald von einer dicken Eisschicht umgeben war. Der Dauerfrost hatte trotz aller unangenehmen Begleiterscheinungen für die Arbeiten auch sein Gutes: man kam ohne weiteres von allen Seiten an den Schiffskörper heran, den es nun auszuschlachten galt. Da es außer zwei Generalplänen keine weiteren Pläne oder Zeichnungen von 1913 mehr gab, wurden während der Abbrucharbeiten jedes vorhandene Einzelstück aus den Originalbeständen, jedes Bauteil, jede Armatur und jede Schraubenmutter genau registriert, als Modellaufnahme gezeichnet und dokumentiert. Die Salonaufbauten befanden sich in einem erbärmlichen Zustand, an ihre Renovierung war nicht mehr zu denken. Deshalb wurden sie auch nicht in ihre Einzelteile zerlegt, sondern als Ganzes an Land gehoben, wo sie als Materialräume und eine Art improvisierte Werkstatt noch gute Dienste taten. »Überdachte russische Feldschmiede« wurde dieses merkwürdige Arrangement von der Renovierungsmannschaft genannt.

Dem Schornstein blieb ein fachmännischer Abbruch ebenfalls erspart: er war bereits ringsherum durchgerostet und mußte nur noch abgehoben werden. Im nachhinein wurde man sich erst richtig darüber klar, wie gefährlich die Situation eigentlich gewesen war. Wie leicht hätte der Schornstein umfallen und größere Schäden verursachen können! Fest stand, daß auch für den Schornstein keine Restaurierung mehr in Frage kam, sondern nur eine Neuanfertigung. Genauso verhielt es sich mit den beiden Originaldampfkesseln von 1913. Sie waren während der langen Liegezeit völlig verrottet, eine Restaurierung war von vornherein ausgeschlossen .

Zwischenstation Fussach

Was jetzt noch von der »Hohentwiel« übriggeblieben war, war nur noch eine leere Schale. In diesem Zustand wurde sie im Frühjahr 1987 in die Fussacher Werft, einer Filiale der Österreichischen Schiffswerften AG, verholt. Hier wurde auf der Schräghelling die Schiffsschale, die rund 30 Jahre ohne Unterbrechung unter Wasser gelegen hatte, mit Sandstrahlgeräten gereinigt. Erst jetzt zeigte sich das ganze Ausmaß der Korrosion am Schiffsrumpf. Dünn wie Papier, durchsetzt von faustgroßen Löchern – so präsentierten sich die Stahlplatten des Schiffsbodens. Ein herunterfallender Hammer hätte ihn leicht durchschlagen, und wie leicht hätte das Schiff beim Transport von Hard nach Fussach bei der kleinsten Grundberührung untergehen können! Wer sich dieser Tatsache nachträglich bewußt wurde, wird wohl nicht nur einmal an den »Ritt über den Bodensee« gedacht haben. Letztlich waren

Februar 1987. Nur Schrott – soweit das Auge reicht!

Die Abbrucharbeiten in Hard sind schon soweit fortgeschritten, daß nur noch die Schiffsschale übrig bleibt (April 1987).

für die Schalenbleche rund 130 m² und für die Schottenwandbleche mehr als 50 m² zu ersetzen.
Generell erwies sich die Fussacher Werft mit ihrem Chef Hubert Unterstöger als idealer Partner für das »Unternehmen ›Hohentwiel‹«. Sie hatte nicht nur das günstigste Angebot abgegeben, sie war auch bereit, Fremdfirmen gegen eine rein symbolische Ablösesumme Arbeiten auf ihrem Gelände zu gestatten.
In der Fussacher Zeit wurden auch erste Kontakte aufgenommen zur Schiffsklassifikationsgesellschaft »American Bureau of Shipping« (ABS), das internationale amerikanische Schiffsregister mit der Zweigniederlassung für Süddeutschland und Österreich in München. Ursprünglich war nur die Bauaufsicht für die beiden neuen Kessel durch das ABS vorgesehen, aber daraus entwickelte sich aufgrund der guten Zusammenarbeit mit der Zeit die gesamte sicherheitstechnische Bauüberwachung – zusätzlich zu den geforderten behördlichen Abnahmen. Das konnte dem Projekt nur guttun, setzte diese Tatsache doch immerhin nach außen sichtbare Zeichen von Profes-

Instandsetzungsarbeiten am Rumpf auf der Fussacher Werft im November 1987. Deutlich zu erkennen sind die Stabilitätswülste, die auf Höhe der Wasserlinie beim Umbau 1934/1935 angenietet wurden.

sionalität, mit der man an dieses Projekt, das ja auch durchaus seine Kritiker hatte, heranging. Über ihren reinen Dienstauftrag hinaus engagierten sich die Surveyors vom ABS auch privat für das Vorhaben und standen mir als Projektleiter bis zum Abschluß der Restaurierung mit Rat und Tat zur Seite.
Ebenfalls in Fussach fiel auch die Entscheidung für die Beibehaltung der seitlichen Stabilitätswülste. Aus Sicherheitsgründen und wegen der höheren Stabilität für das Schiff wollte man sie belassen. Auch die Stabilitätswülste bzw. die Satteltanks erhielten im Bereich des Wasserpasses durchgehend neue Bleche. Das größere Gewicht der Decksalon-Aufbauten aus den 30er Jahren war zwar nicht mehr vorhanden, aber es konnte mit dem für die heutige Zeit obligatorischen Abwassertank, mit Vorratsräumen unter dem Hecksalon und anderen Einrichtungen ausgeglichen werden.
Schwierig wurde es, als der verregnete Sommer 1987 Hochwasser brachte. Nach einem Dammbruch am Neuen Rhein versandete dann auch noch die Hafeneinfahrt von Fussach, und das Werftgelände stand knietief unter Wasser. Man kam deshalb nur mühsam mit den Arbeiten voran, und im August mußten sie vorübergehend ganz eingestellt werden. Stück für Stück mußte die Schiffsschale konserviert werden, um sie vor weiterer Korrosion zu schützen, währenddessen konnte das Sandstrahl-

Die neuen Schiffskessel der Firma Huggler in Lauterach werden im Mai 1988 in das Schiff eingesetzt.

Im Juni 1988 liegt das Schiff zur weiteren Ausrüstung wieder in der Fussacher Werft.

gerät nur kleinste Flächen bearbeiten. Parallel zu diesen Arbeiten wurde nun auch die Dampfmaschine ausgebaut und in ihre Bestandteile zerlegt. Alle beweglichen Maschinenteile wurden per Ultraschall auf Fehlerhaftigkeit und Materialermüdung überprüft. »Safety first« – unter dieser Prämisse wurden dann alle jene Teile neu gefertigt, bei denen irgendeine Unregelmäßigkeit oder der geringste Zweifel an der gewünschten Qualität aufgetreten waren.
Im November 1987 waren die Erneuerungsarbeiten in Fussach abgeschlossen. Eine Abnahmeprüfung durch die ABS konnte durchgeführt werden.

Fertigstellung des Schiffes in Hard. Die Salondeck-Beplankung wird verlegt (November 1988).

Rechts oben: Manövrierstand an der Dampfmaschine.

Rechts unten: Kesseldruckmanometer mit den Typenschildern der Dampfkessel.

Medienereignisse

Im Sommer 1987 wurden auch die Schaufelräder rekonstruiert. Wir erinnern uns: sie waren zu Beginn des Clubheimdaseins in Bregenz vom Schneidbrenner rücksichtslos durchtrennt worden. Im November 1987 konnten dann die neuen Schaufelräder auf die Wellenstummel aufgezogen werden, zwar noch ohne Beschaufelung, Steuergestänge und Gegengewichte, aber mit Naben, Speichen und Radringen. Dieses war ein technisch schwieriges Unterfangen, und so kamen Presse, Rundfunk und Fernsehen vor Ort zur Berichterstattung. Das bedeutete für das »Hohentwiel«-Projekt selbstverständlich wieder einen willkommenen Popularitätsschub.
Das Weihnachtsfest 1987 drohte sehr kalt zu werden. Am 23. Dezember wurde der instandgesetzte Rumpf der »Hohentwiel«, sie hatte länger als geplant in der Fussacher Werft gelegen, zu Wasser gelassen und von einem Kiesschiff wieder in Richtung Hard geschoben. Dichter, grauer Nebel hing über der Wasseroberfläche, und es mag einigermaßen gespenstisch ausgesehen haben, als sich der graue Schiffsrumpf noch ohne Aufbauten und mit den Gerippen der noch unverkleideten Schaufelräder an den Seiten in die Hafeneinfahrt von Hard schob. Im Hafen wartete wiederum die Presse zur pünktlichen Berichterstattung vor Ort. Ein kleiner, geschmückter Weihnachtsbaum war am Bug des Schiffes festgemacht – Symbol der Freude und der Hoffnung.

Rückschläge und neue Radkastenwappen

Kam der Optimismus vielleicht verfrüht? Rückschläge ließen jedenfalls nicht auf sich warten. Der Winter 1987/88 brachte wiederum Schnee und Kälte. Aber es traten noch schlimmere Probleme auf. Da gab es zum Beispiel Schwierigkeiten beim Einbau der Schaufeln in die Schaufelräder: die Bohrungen stimmten nicht und mußten nachgebessert werden. Problematischer noch: die Kosten für die Dampfmaschine konnten plötzlich nicht mehr gehalten werden, da die Zusage für ihre kostenlose Instandsetzung aufgrund schlechter Geschäftsergebnisse zurückgezogen wurde. Das bedeutete wiederum Eigenleistung, und allen Beteiligten wurde nun Außerordentliches abverlangt. Das harte Winterwetter und die primitiven Arbeitsbedingungen, der anhaltende Zwang zum Improvisieren trugen das ihre dazu bei. Es kam nun auch zu Verzögerungen wegen nicht eingehaltener Liefertermine, wodurch einzelne Firmen schlicht die Lust an der Sache verloren und andere ungeduldig wurden. Trotzdem: das Team leistete ganze Arbeit, für die auf einer Werft ein komplettes Fachpersonal mitsamt der nötigen technischen Ausrüstung zur Verfügung gestanden hätte. So gelang es auch trotz allem, das Schiff in einem Kostenrahmen von insgesamt 35 Prozent des Preises, den eine Werft verlangt hätte, komplett instandzusetzen.
Aber es gab auch nach wie vor Lichtblicke und selbstlose Hilfestellungen, wie das Beispiel der Wiederherstellung der beiden seitlichen Radkastenwappen zeigt. Wir erinnern uns noch an die ein-

Im Sommer 1989 werden die nach Plänen Pankoks vom Berchtesgadener Bildhauer Norbert Däuber nachgebildeten und von den Hohenzollerischen Hüttenwerken in Marinebronze abgegossenen Radkastenwappen angeschraubt.

drucksvollen Wappenentwürfe Bernhard Pankoks, die als Radkastenzier seitlich an der »Friedrichshafen« und ab 1913 auch an der »Hohentwiel« prangten und die sämtlich ein Opfer des 2. Weltkrieges geworden waren. Nichts war mehr von ihnen übriggeblieben, auch keine Pläne. Es gab nur ein Schwarzweißfoto, 10 mal 5 Zentimeter groß. Es stammte aus der Dezember-Ausgabe der Zeitschrift »Dekorative Kunst«, Jahrgang 1909. Dieses kleine, qualitativ bescheidene Foto wurde nun auf die Originalgröße des Wappens von 380 mal 100 Zentimeter vergrößert. So gab es wenigstens eine Vorlage, nach der man arbeiten konnte. Mit viel Glück war man nämlich auf den jungen Künstler Norbert Däuber gestoßen, Meisterschüler der Bayerischen Akademie der Bildenden Künste in München. Er schnitzte gemäß der Foto-Vorlage aus Lindenholz die Gußformen, die für die Herstellung der Bronzewappen benötigt wurden. Durch Vermittlung des ABS-Surveyors Martin Uhlig fanden sich die »Fürstlich Hohenzollerischen Hüttenwerke«, deren Sitz in der Nähe von Sigmaringen zu finden ist, bereit, die Schiffswappen zu gießen, in absoluter Spitzenqualität und kostenlos. Je 1,5 Tonnen Marinebronze auf rotem Grund: so prangten Bernhard Pankoks königlich württembergische Wappen ab Mitte Oktober 1988 wieder auf den Radkästen der »Hohentwiel«.

Damit haben wir zeitlich etwas vorgegriffen, denn am 26. April dieses Jahres bezog erst einmal ein gewichtiger Autokran der Spedition Braun Stellung im Industriehafen von Hard. Mit seiner Hilfe wurden die neuen Dampfkessel, die die Firma Huggler in Lauterach gefertigt hatte, auf die Fundamente in der Schiffsmitte gesetzt. Schwer waren sie, denn die »Hohentwiel« hatte sofort ein paar Zentimeter mehr Tiefgang. Diese Dampferzeuger entsprechen in ihrer Bauart den zweizügigen Scotch-Marine-Kesseln, haben aber einen Ölbrenner zur Verbrennung von extraleichtem Heizöl. Hiermit kam man den Forderungen des Umweltschutzes nach. Nostalgiker können sich trotzdem freuen, denn äußerlich sind diese Kesselanlagen den früheren weitgehend nachempfunden, selbst auf den Schmuck der blanken Zierprofile hat man nicht verzichtet.

Allmählich bekam die »Hohentwiel« nun wieder das

Profil eines klassischen württembergischen Raddampfers, denn die neuen Aufbauten mit der Rotunde und dem Eingangsbereich und die Radkästen waren im Juni bereits so weit fertiggestellt und auch montiert, daß nun auch der 8,80 Meter hohe Schornstein aufgesetzt werden konnte. Er war wie die Dampfkessel von der Firma Huggler angefertigt worden.
Noch einmal wurde Fussach Instandsetzungs-Etappe, noch einmal wurde die Schräghelling der Werft in Anspruch genommen. Der endgültige Unter-

wasseranstrich fehlte noch. Man hatte damit nicht ohne Absicht so lange gewartet und es nur beim Grundieren belassen. Wären nämlich bei der Sandstrahlbehandlung irgendwelche undichte Stellen oder Poren unentdeckt geblieben, hätten sich in der Zwischenzeit Rostnester gebildet, und man hätte nachbessern können. Auf diese Weise konnte man die Gewißheit gewinnen, daß die »Hohentwiel« nun über einen hervorragend sanierten Rumpf verfügte und über die notwendige Sicherheit für ihre zukünftigen Fahrten mit zahlreichen Passagieren an Bord.

Die »Hohentwiel« im Festtagskleid

»Kaiserwetter« – der 2. September 1988 brachte noch einmal die ganze Fülle eines Spätsommertages. Nichts erinnerte mehr an das triste Grau des Vorweihnachtstages im vergangenen Jahr, als sich der soeben reparierte Rumpf der »Hohentwiel« – ebenfalls aus Fussach kommend – in den Hafen von Hard geschoben hatte. Dieses Mal war es schon so etwas wie eine kleine Triumphfahrt – wenn auch immer noch im Schubverband mit einem Kiesschiff. Zum ersten Mal war die »Hohentwiel« über alle Toppen beflaggt, sie wurde begleitet von kleinen und großen Sportbooten, an Land eine frohgestimmte Menge, Presse, Funk und Fernsehen – Volksfeststimmung schlechthin und für alle Beteiligten Anlaß zu wirklichem Optimismus.
Als beim Einfahrt-Manöver plötzlich der Dreiklangton des Nebelhorns ertönte, waren Staunen und Begeisterung der Zuschauer groß. Dabei war dies nur ein Trick der Überführungsmannschaft: sie hatte die Signalpfeife lediglich an einen bereitgestellten Kompressor angeschlossen.
Weder ein Trick noch ein Scherz steckte allerdings dahinter, als sich auch die Schaufelräder langsam zu drehen begannen. Selbstverständlich waren sie noch gar nicht in Betrieb, der bei der Fahrt entstandene Staudruck des Wassers reichte aus, um die Schaufeln in Bewegung zu setzen. Dies war eine günstige Gelegenheit zu prüfen, ob die Kurbelwelle vorschriftsmäßig lief. Alles verlief nach Wunsch, und die Zuschauermenge hatte eine willkommene Attraktion außer der Reihe.

Detail aus dem Maschinenraum. In der Mitte ist die Spindel für die Umsteuerungsanzeige zu erkennen. Links und rechts davon liegen die Hebel für die Dampf- und Wasserzufuhr.

Der Winter 1988/89 war endlich milde genug, daß die Arbeiten ohne wetterbedingte Hindernisse fortgesetzt werden konnten: die Dampfmaschine mußte noch eingesetzt werden, Pumpen, Rohrleitungen, die Rudermaschine warteten noch auf ihre Installierung. Schließlich fehlte auch noch die Beplankung der Decks. Hierfür verwendete man Pitchpine-Holz. Dies erweckte den Unmut einiger umweltorientierter politischer Gruppierungen, die sich offensichtlich nicht darüber im klaren waren, daß Pitchpine ein im Schiffsbau seit Jahrhunderten verwendetes und bewährtes Holz ist. Diese Hölzer, die man in den 80er Jahren u. a. auch bei Generalüberholungen anderer, moderner Bodenseeschiffe verwendete, stammen nicht aus wilden Rodungen, sondern aus speziellen Plantagen in Honduras, die regulär bewirtschaftet und entsprechend aufgeforstet werden.
Im Frühjahr 1989 konnten die Decksarbeiten abgeschlossen werden: das Steuerhaus und der 17 Meter hohe Mast wurden aufgesetzt. Dabei mochte ich nicht auf ein Stück Tradition verzichten. Ich erbat mir vom Vereinspräsidenten Henninger ein Markstück, um es in den Mastschuh einfügen zu können. Daß dieses Stück Symbolik eines Tages Früchte tragen, daß die »Hohentwiel« einmal ein wirtschaftlich rentables Unternehmen werden könnte – das wagte zu diesem Zeitpunkt wohl niemand richtig zu hoffen.
Das Jahr 1989 stellte den Vorstand des Vereins »Internationales Bodensee-Schiffahrtsmuseum« allerdings nochmals vor schwerwiegende Probleme. Es waren erhebliche Mehrkosten entstanden, verursacht durch Verzögerungen, durch Terminverschiebungen, durch den nicht vorhersehbaren Zustand des Schiffskörpers und letztlich durch die originalgetreue Wiederherstellung des Hecksalons nach Bernhard Pankoks Plänen. Auch die erweiterte Gastronomie-Einrichtung sowie die exklusive Ausstattung der Vorschiffskajüte hatten ihren Preis. Doch zum Glück fanden sich immer wieder großzügige Sponsoren und selbstlose Helfer, so daß man letztlich mit der qualitativ hochstehenden Instandsetzung fortfahren und sie auch zum Abschluß bringen konnte.

Teilansicht des Kurbeltriebes im Maschinenraum. 64 gläserne Tropföler sorgen für reibungslosen und ruhigen Lauf.

Kostbare Inneneinrichtung

Wie alle Baupläne, wie die Unterlagen für die Wappenentwürfe, so blieben auch sämtliche Pläne für die Inneneinrichtung verschwunden – vermutlich auch sie ein Opfer der Flammen während des 2. Weltkrieges. Gerade noch rechtzeitig wurden die Originalpläne des Schwesterschiffes »Friedrichshafen« im Stuttgarter Staatsarchiv entdeckt. Man entschloß sich, den Heck- und den Rauchersalon diesen Plänen entsprechend wiederherzustellen. Die Firma Heinrich Auer in Innsbruck übernahm diese nicht ganz leichte Aufgabe, stellte sie doch eine ganz besondere handwerkliche Herausforderung dar. Oft waren Phantasie und Erfindergeist gefragt, wollte man den Nachbau des Hecksalons ohne Konzessionen und bis ins letzte Detail genau verwirklichen. Vieles wurde in Innsbruck vorgefertigt, um dann vor Ort möglichst reibungslos und ohne Zeitverlust eingebaut zu werden. Bereits nach 43 Tagen war die Montage des Hecksalons beendet. Massives, poliertes Kirschbaumholz dominiert im Hecksalon und verleiht ihm ein elegantes, freundlich helles und behagliches Ambiente.

Vorschiffsalon sowie Kapitänskajüte und Kassaraum wurden mit Mahagoni ausgestattet, ein Holz, das den Räumen ein sehr behagliches Aussehen gibt. In der Gestaltung des Vorschiffsalons war man frei, da dieser Raum ja früher als Passagierkajüte 2. Klasse gedient hatte und ziemlich lieblos mit rohen Bänken ausgestattet war. Man mußte also auf kein historisches Vorbild Rücksicht nehmen und orientierte sich an den Einrichtungen exklusiver Salons in der heutigen Handelsschiffahrt. Für die Fertigstellung dieses mit Mahagonitäfelung sehr elegant wirkenden Salons benötigte man lediglich drei Wochen.

Der original wiederhergestellte Schiffskassenraum.

Dies ist sicher der schönste Platz unter Deck – der runde Tisch im Salon. Hier saßen schon die Könige von Württemberg und Sachsen.

Der Salon im
Achterschiff wurde
originalgetreu, in
hochglanzpoliertem
Kirschbaumholz aus
dem Bodenseegebiet,
wiederhergestellt.

Das Ruderhaus mit dem Original-Steuerrad und den alten nautischen Instrumenten.

Ein Fest für die Rettungsboote

Auf dem Landweg kamen sie, ein Stück weit jedenfalls: die Rettungsboote. Die Bootswerft Wagner in Bodman hatte sie gefertigt, aus Mahagoni und liebevoll bis ins letzte Detail. Von Bodman waren sie mit einem Trailer nach Lindau gebracht worden. Erst hier wurden sie zu Wasser gelassen und, begleitet von den beiden Dampfbooten »Stephanie« und »Theansa«, nach Hard hinübergeführt. Heiß war's an diesem Tag! Es war wiederum ein kleines Medienereignis, die Zeit war reif für das eine oder andere Interview und für Fernsehaufnahmen. Nachdem die Rettungsboote an ihren angestammten Plätzen – je eines über den Radkästen, das dritte kleine Arbeitsboot am Achterschiff – an den Davits hingen, gab's am Ausschank Lindauer Wein. Dieser strahlend schöne 27. Mai 1989 brachte nochmals einen Publicity-Schub, und auch neue Mitglieder für den Verein. Es waren mittlerweile über 1600.

Sehen und gesehen werden

In Abwandlung des lateinischen Zitats »veni vidi vici« erfuhren die Initiatoren des »Hohentwiel«-Unternehmens einen ebenso ermutigenden wie großen Erfolg. Am 3. November 1989 hielt die »Internationale Bodenseekonferenz« ihre Tagung in Bregenz ab. Es ging darum, diesem Gremium, das die gesamte Renovierung ja äußerst positiv und hilfreich begleitet hatte, die entstandenen Mehrkosten zu erklären und um weitere Hilfe bei der Nachfinanzierung zu werben. Dazu sollte die »Hohentwiel« nach Bregenz verholt werden, ein letztes Mal noch mit Schlepphilfe. Nahezu rund um die Uhr hatte man fieberhaft daran gearbeitet, das Schiff so weit wie möglich fertigzustellen. Dadurch mußte manches noch knapper terminiert werden. Vor allem sollte der Hecksalon weitgehend fertig sein, um einer kritischen Besichtigung standhalten zu können. Auch die Dampfmaschine sollte vorgeführt werden, wenn sie auch noch nicht in Betrieb war. Der Außenanstrich war allerdings mittlerweile fertig, die zahlreichen Elektroinstallationen waren zügig vorangetrieben worden, die vier neuen Windhutzen an ihren Plätzen, die Halterungen für insgesamt 60 Rettungsringe angebracht, und nicht zu vergessen: die prächtigen Wappen schmückten bereits aufs imposanteste die Radkästen.

Sehen, gesehen werden, siegen – die Mühen waren nicht umsonst gewesen. Man konnte den Bodenseepolitikern die Ursachen der entstandenen Mehrkosten mit stichhaltigen Argumenten überzeugend erklären. Sie hielten sodann an der Beteiligung von 50 Prozent auch an der Nachfinanzierung fest. Die andere Hälfte hatte freilich der Verein zu finanzieren, dem es zum Glück gelang, nochmals Mitglieder zu gewinnen.

Dieser 3. November war nach all den Jahren der Anstrengung, der Überzeugungsarbeit, der Rückschläge und der großen Hilfsbereitschaft von vielen Seiten ein Tag der Genugtuung und der Bestätigung.

Momente der Spannung – das Finale

Der Dezember 1989 brachte den ersten Krängungsversuch. Man machte etliche Experimente, um die Stabilität der »Hohentwiel« unter verschiedenen Belastungszuständen zu prüfen. Mit von der Partie waren Vertreter der zuständigen Behörden der Vorarlberger Landesregierung und des »American Bureau of Shipping«. Zum letzten Mal wurde eine Besichtigung im Inneren der beiden Kessel vorgenommen. Einige Tage später erfolgten noch die »kalte« Erprobung und die Abnahme der Ölbrenner. Zuletzt wurde die gesamte Speisewasser- und Dampfanlage noch einmal mit dem Anderthalbfachen des Betriebsdruckes abgepreßt. Am 11. Dezember wurden die beiden Kessel erstmals angefahren. Dann kam endlich der große Tag, kamen die Momente größter Spannung, kam das Finale.

Für alle, die sich seit nunmehr anderthalb Jahren mit der Überholung des Dampfers »Hohentwiel« beschäftigt hatten, war dies ein Tag der Freude. Am Nachmittag des 29. Dezember begann man schließlich, auch die Dampfmaschine langsam vorzuwärmen. Man ging dabei sehr behutsam vor. Es war ja keineswegs sicher, daß alles auf Anhieb funktionieren würde. Sämtliche Leitungen wurden vorsichtig

Der 29. Dezember 1989 geht als historischer Tag in die Geschichte des Dampfschiffes »Hohentwiel« ein. Um 18.10 Uhr beginnt sich die Maschine nach genau 27 Jahren, vier Monaten und 27 Tagen Stillstand wieder zu drehen. Ein spannungsgeladener, gleichzeitig auch erhebender Augenblick für Projektleiter Kloser und alle daran Beteiligten.

Landrat Klaus Henninger und Projektleiter Kloser bei einer »Lagebesprechung«.

mit Dampf gefüllt und entwässert. Nur sehr bedächtig sollte die Wärme in all die alten Teile steigen, die dies seit 27 Jahren nicht mehr gewohnt waren.
Aber dann um 18.10 Uhr am 29. Dezember 1989 war es endlich soweit. Wer jetzt irgendwo an seinem Platz im Maschinenraum stand, hatte jahrelang auf diesen Moment gewartet. Nun sah man sich in die Augen, lauschte und blickte andächtig, als ich das Hauptfahrventil bewegte. Und sie bewegte sich! Sie bewegte sich! Sie bewegte sich! Die Escher-Wyss-Dampfmaschine von 1912, die seit 1962 stillgestanden hatte, lief wieder an! Fast geräuschlos, zuerst ein paar Zuckungen hin und her, aber dann rundherum! Die achtere Leine und Spring zogen straff an. Dann drehten sich die Schaufelräder, über zwei Stunden lang, vorwärts, rückwärts. Nun wollte man es aber genau wissen. Mit viel Vorsicht und Gefühl wurde jetzt angefahren, immer mit vollem Pfahlzug, mit etwa zwölf Umdrehungen pro Minute. Die Mannschaft hatte jetzt natürlich alle Hände voll zu tun. Ölen, ölen, ölen! Die noch kaum eingelaufenen Lager und Bolzen wollten über die Maßen geschmiert sein. Schmieren und kühlen, das war jetzt wichtig, dann konnte sich alles gut aneinander anpassen, konnte gut einlaufen. Mit dem Vakuum im Kondensator gab es noch gewisse Probleme, irgendwo schnüffelte dieser noch etwas Luft. Aber die Lager und die Zapfen blieben kalt, keine Probleme. Die eine oder andere Entwässerungsleitung müßte noch anders verlegt werden, stellte man fest, und den undichten Hahn an der Vakuumpumpe bemerkte man auch bald.
Als ich die Maschine anderntags wieder laufen ließ, war beinahe alles schon Routine. Der Zeiger des Vakuummanometers kam in fast beängstigender Weise der Marke von 760 Millimeter Quecksilber

negativ, also Vakuum, näher. Weniger geht ja bekanntlich nicht. »Alles viel zu gut«, war der Kommentar eines, der es wissen mußte. Was keiner erwartet hatte, keiner hatte glauben wollen: sämtliche Arbeiten an der Dampfmaschine waren aufs vortrefflichste und auf Anhieb gelungen.
Endspurt 1990. Außer der kompletten Einrichtung des vorderen, ehemals 2.-Klasse-Salons mit beque-

Die »Hohentwiel« beim ersten Ablegemanöver am 7. Februar 1990 in Hard.

men Sitzbänken und der Bar waren noch viele Details abzuklären. Die gesamte Inbetriebnahme und die Probefahrten mußten vorbereitet werden.
Die erste Probefahrt, das ließ man sich natürlich nicht nehmen, wurde auf den 7. Februar 1990 festgelegt. Dies war ein historisches Datum: auf den Tag genau wie vor 77 Jahren verließ die »Hohentwiel« erstmals die Werft, um den Bodensee zu befahren. Alles klappte auch dieses Mal zur größten Zufriedenheit der Verantwortlichen, und in jedem Hafen, der bei den Probefahrten angelaufen wurde, bereitete man dem Schiff einen geradezu triumphalen Empfang. In Friedrichshafen wurde die »Hohentwiel« mit ganz besonderem Beifall bedacht:

Eine der ersten Probefahrten führt auch nach Bregenz (Februar 1990).

als sie nach mehr als 30 Jahren in ihren ehemaligen Heimathafen einlief, standen einige tausend Menschen an der Pier, um dem Schiff ein fröhliches, lautstarkes Willkommen zu bereiten.

Am 17. Mai 1990 fand dann die offizielle Inbetriebnahme des Museumsschiffes »Hohentwiel« statt. Jetzt hatte der Bodensee wieder einen Raddampfer, seinen einzigen.

Die »Hohentwiel« auf Probefahrt kurz vor dem Hafen von Konstanz am 22. Februar 1990.

Der Kreis schließt sich

Nach der Jungfernfahrt des wiederhergestellten Dampfschiffes »Hohentwiel« am 17. Mai 1990 ist die Bodenseeschiffahrt um eine Attraktion reicher geworden. Sehr schnell hat sich gezeigt, daß das Schiff nach der gelungenen Renovierung seine Liebhaber gefunden hat.

Es ist nicht nur das meistfotografierte Schiff am Bodensee. Die Ausflugsfahrten des alten Raddampfers erfreuen sich auch einer außerordentlichen Beliebtheit; von der Möglichkeit, das Schiff zu chartern, wird reger Gebrauch gemacht.

Im Februar 1990 steuert die »Hohentwiel«, erstmals nach 30 Jahren, wieder den Lindauer Hafen an.

Ein starker Gewittersturm kündigt am 22. September 1990 den Herbstbeginn an. Inmitten einer grandiosen Stimmung, wie sie fast nur in dieser Jahreszeit beobachtet werden kann, verläßt die »Hohentwiel« Friedrichshafen in Richtung Romanshorn. Bei der herrschenden Windstärke neun bis elf zeigen sich die Vorzüge der hohen Stabilität der Halbsalonbauweise besonders deutlich.

Bereits im Mai 1990 wurde die »Hohentwiel-Schifffahrtsgesellschaft mbH« gegründet. Träger dieser Gesellschaft sind die Gemeinde Hard und der Verein »Internationales Bodensee-Schiffahrtsmuseum e.V.«. Ihre Hauptaufgabe ist es, Charterfahrten zu organisieren und durchzuführen. Aufgrund der Gesetzeslage am Bodensee kann die »Hohentwiel« jeden für die gewerbliche Schiffahrt zugelassenen Hafen am See anlaufen. Das erleichtert die Koordination der einzelnen Fahrten.
Bei einer durchschnittlichen Geschwindigkeit von 22 km/h legt die »Hohentwiel« die Strecke von Bregenz nach Konstanz auf direktem Kurs in rund zweieinhalb Stunden zurück. So kommen in einer Saison, die von April bis November dauert, gut und gerne bis zu 15 000 gefahrene Kilometer zusammen. Zur Freude auch der Menschen an Land zieht der Oldtimer unter den Bodenseeschiffen jedoch nicht immer mitten auf dem See seine Bahn. Die Ausflugsfahrten führen für gewöhnlich dem Ufer entlang, vorbei an den reizvollen und einladenden Dörfern und Städten.

Neben einer Atmosphäre, die den Fahrgast umgehend in die Zeit zu Beginn unseres Jahrhunderts versetzt, sind es auch die exklusiven Gaumenfreuden, die ihn an Bord erwarten: vom Gourmet-Menü bis zum Staatsbankett reicht die anspruchsvolle Palette der Gastronomie. Im Vorschiffssalon stehen 30, im Hecksalon 63 und im Rauchersalon 10 Bankettplätze zur Verfügung, und im Mittschiffsraum sind noch weitere 30 Plätze vorhanden. Achter-, Boots- und Vorschiffsdeck bieten außerdem noch 350 bis 400 Sitzplätze, die ebenfalls bewirtschaftet werden können.

Das Sicherheitsbedürfnis der heutigen Fahrgäste ist sehr ausgeprägt. Das wußte der Museumsverein, als er die Renovierung der »Hohentwiel« anpackte. Das weiß auch die Mannschaft an Bord. Wie wir gesehen haben, hat man bei der Instandsetzung dieses Sicherheitsbedürfnis sehr ernst genommen. Modernste Technik wie UKW-Seefunk, Radar, Echolot und diverse Manövrierhilfen sind vorhanden. Und noch bei Windstärke 12 liegt das Schiff sicher und verhältnismäßig ruhig im Wasser. Jedenfalls sei infolge zu hohen Wellengangs bisher noch kein Glas zu Bruch gegangen, ist von der Mannschaft zu hören.

Was ist es nun, was den Reiz einer Fahrt auf der »Hohentwiel« ausmacht? Sehnsucht nach der »guten, alten Zeit«? Der Zauber der vergangenen, aber nicht vergessenen Dampfmaschinentechnik? Ist es die Stimmung »wie zu Kaisers Zeiten«, wenn die Gäste bei schönem Wetter ihren Aufenthalt unter den gespannten Sonnensegeln auf dem Oberdeck

Auch bei orkanartigem Sturm (Windstärke 12) erweist sich die »Hohentwiel« als höchst seetüchtiges und stabiles Schiff.

Ein stimmungsvoller Ausblick – die »Hohentwiel« auf Heimatkurs.

genießen? Da gibt es zunächst einmal die Möglichkeit für den ausgiebigen Blick hinunter in den Maschinenraum, wo die Dampfmaschine in gemächlichem, beruhigendem Rhythmus und mit leisem Stampfen, jedoch ohne Vibration das Schiff vorwärtstreibt. Gerade diese Ruhe empfinden die Fahrgäste als sehr wohltuend. Da sind außerdem überall die liebevoll gestalteten Details, die kostbaren Hölzer, die Schilder, Griffe und Maschinenteile aus blankgeputztem Messing. Auch die erlesene Innenausstattung verfehlt nicht ihre Wirkung auf die Passagiere. Der Hecksalon in Kirschbaum mit Eichenparkett, der Vorschiffsalon mit seiner Täfelung aus Mahagoni und dem Teakholzboden verbreiten eine Atmosphäre von Behaglichkeit und Qualität. Für den Passagier mit Vorliebe für Historisches mag es interessant sein zu wissen, daß am runden Tisch im Salon immerhin König Wilhelm II. von Württemberg zusammen mit dem König von Sachsen Platz genommen hat.

Der Heimathafen der »Hohentwiel« ist Hard. Es ist ein Gemeindehafen, der es möglich macht, alle Reparatur- und Wartungsarbeiten vor Ort durchzuführen. Darüber hinaus wurden die Hafeneinrichtungen ausgebaut und den Bedürfnissen eines Schiffshafens angepaßt. Hier, im stillen Vorarlberger Winkel des Bodensees, hat die »Hohentwiel« ein ideales Quartier, von wo aus sie auf Fahrt geht und vielen Passagieren ein unvergeßliches Schiffahrtserlebnis vermittelt.

Gemütliche Runde in der Vorschiffskajüte und im Achterschiffssalon.

Blick in die Kombüse.

Blick in den Achterschiffssalon.

Ein besonders fröhlicher Decksgast.

Oben links: Die »Hohentwiel« im Hafen von Bodman.

Unten links: Stilvolle Atmosphäre im Achterschiffssalon.

Eine speziell erfahrene Dampfschiffsmannschaft garantiert einen sicheren und reibungslosen Schiffsbetrieb.

Der Kapitän informiert sich beim leitenden Maschinisten laufend über den Zustand der Maschinenanlagen.

Vergnügliche Schiffahrt unter dem Sonnensegel wie zu »Kaisers Zeiten«.

Die Romantik der Dampfschiffahrt wird bei einem schönen Sonnenuntergang besonders lebendig.

Unten links: Offiziere aus Deutschland, Österreich und der Schweiz an Bord der »Hohentwiel« anläßlich der traditionellen Offiziers-Reunion im Jahr 1994.

Unten rechts: Juni 1994: Feierliche Eröffnung des Heimathafens der »Hohentwiel« in Hard im Beisein des Harder Bürgermeisters Köhlmeier (Bildmitte) und Landrat Klaus Henninger aus Lindau (ganz rechts) sowie Repräsentanten der Wasserschutzpolizei und des Zolls.

HOHENTWIEL

SCHIFFAHRTSGESELLSCHAFT M.B.H.

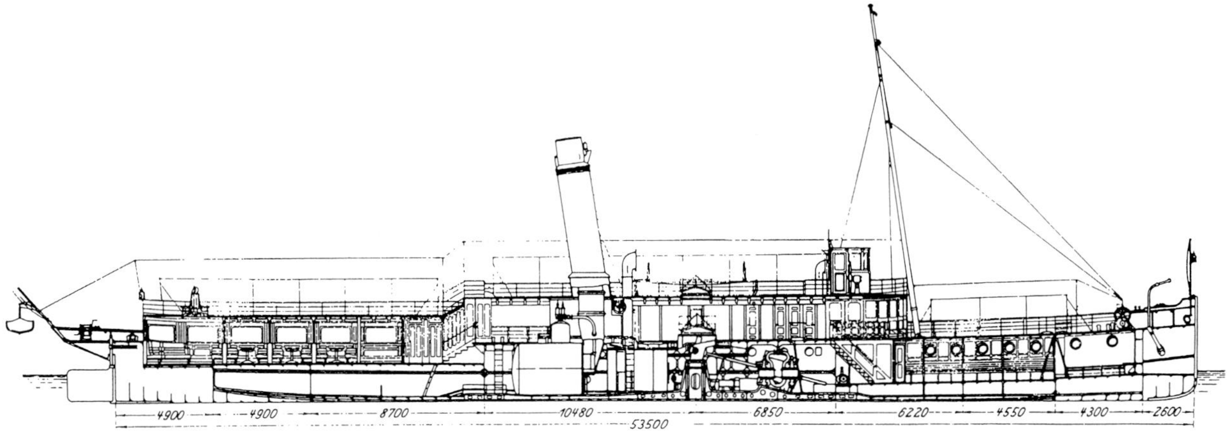

Instandsetzung
Dampfschiff „HOHENTWIEL" 1987–1990
Gesamtplanung und Bauleitung
Reinhard E. Kloser
Techn. Schiffsoffizier, Hard am Bodensee

Schiffsdaten der »Hohentwiel« nach der Instandsetzung von 1986 bis 1990

Bauwerft:	*Escher Wyss & Cie. Zürich u. Ravensburg*
Auftraggeber:	*Königl. Württembergische Dampfschiffahrtsgesellschaft*
Indienststellung:	*Mai 1913*
Länge in der CWL:	*53,50 m*
Länge ü. a.:	*56,84 m*
Breite am Hauptspant:	*6,52 m*
Breite ü. a.:	*13,16 m*
Seitenhöhe:	*2,76 m*
Tiefgang leer:	*1,36 m*
Tiefgang beladen:	*1,60 m*
Verdrängung leer:	*295 t*
Verdrängung beladen:	*365 t*
Cap. Brennstofftank:	*14,7 t*
Tiefertauchung p. cm:	*2,917 t*
Anzahl d. Schotten:	*6 + 1 Halbschott*
Dienstgeschwindigkeit:	*20 km/h = 10,8 sm/h*
Geschwindigkeit max.:	*31 km/h = 16,74 sm/h*
Höchstzulässige Personenzahl:	*700*

Besatzung

Kapitän
Ltd. Maschinist
Steuermann
II. Maschinist
Bootsmann
Matrose

Rettungsmittel

Rettungsboote:	*3 Stück (40 Pers.)*
Rettungsmittel:	*640 Stück Schwimmwesten* *62 Stück Rettungsringe*
Rettungsmittel ges.:	*für 742 Personen*

Die Maschinenanlage des D.S.»Hohentwiel«

Hauptmaschine

Bauart:	*Zweizylinder-Heißdampf-Verbunddampfmaschine*
Baujahr:	*1913*
Hersteller:	*Escher Wyss & Cie. Zürich u. Ravensburg*
Leistung max.:	*950 PS; bei 62 Umdr./min.*
Kolbenhub:	*1150 mm*
Kolben-Durchmesser:	*700 mm Hochdruck*
Kolben-Durchmesser:	*1150 mm Niederdruck*
Dampfdruck:	*10 Atü am Hochdruckzylinder*
Dampftemp.:	*280–300 °C am Hochdruckzylinder*
Art d. Steuerung:	*Gooch*
Art d. Steuerung:	*HD.-Seite – Ventilsteuerung*
Art d Steuerung:	*ND.-Seite – Schiebersteuerung (Penn)*
Verbrauch Brennstoff:	*12 l/km durchschnittlich*
Gew. d. Maschine:	*51,4 t*

Schaufelräder

Rad-Durchmesser:	*4170 mm ü. a.*
Anzahl d. Schaufeln:	*2 x 9*
Schaufellänge:	*2600 mm*

Zweizylinder – Ventilgesteuerte – Heißdampfmaschinenanlage, wie sie mit 950 PS auf der »Hohentwiel« eingebaut ist.

Schaufelbreite:	*720 mm*
Bauart:	*Rad mit beweglichen Schaufeln durch Exzenter angesteuert*
Hersteller:	*Escher Wyss & Cie. Zürich u. Ravensburg*
Baujahr:	*1913*

Schiffsdampfkessel

Bauart:	*Großwasserraum-Zweizugkessel mit Überhitzer (Schott'scher Marinekessel)*
Anzahl d. Kessel:	*2*
Anzahl d. Flammrohre:	*2 x 1*
Betriebsdruck:	*10 Atü*
Überhitzer:	*Rippenrohrüberhitzer 280–300 °C Dampftemp.*
Dampfleistung max.:	*2 x 4 t Dampf/h*
Wärmeleistung ges.:	*8070 PS/6114 kW*
Kesselheizfläche:	*143 m² einschl. Überhitzer*
Feuerung:	*Ölbrenner Druckzerstäuber (Marineausf.)*
Brennstoff:	*Heizöl extra leicht*
Gew. d. Kessel:	*52,6 t einschl. Wasserinhalt*
Hersteller:	*E. Huggler Kesselbau Lauterach u. Fa. Weishaupt Schwendi Marinebrenner u. Kesselschaltanlage*
Baujahr:	*1988*

Blick auf die Vorderfront der beiden Schiffsdampfkessel der Firma Huggler, ausgerüstet mit Marineölbrennern der Firma Weishaupt.

Ruderanlagen
Hauptruderanlage

Bauart:	*El./Hydr. Doppelzylinder-Schwenkkolbenruder-Anlage*
Leistung d. El./Hydr. Antriebsaggregate	*2 x 3 kW*
Hersteller:	*Haberkorn – Wolfurt*

Bugstrahlruder

Bauart:	*Bugstrahlruder mit Festpropeller*
Dimension:	*550 mm Propellerdurchmesser*
Antriebsleistung:	*37 kW*
Hersteller:	*Jastram – Hamburg*

Hilfsmaschinen

Bauart:	*Marinediesel Reihenmotor 6 Zylinder*
Hersteller:	*Volvo – Penta*
Anzahl d. Aggregate:	*2*
Motorleistung:	*2 x 159 kW (216 PS)*
Generator:	*Marine-Wechselstromgenerator*
Spannung:	*380 V/415 V*
Leistung:	*2 x 120 kW*
Lieferung d. elektr. Schiffsschaltanlagen u. Ausrüstung:	*Interschalt Hamburg, Weishaupt Schwendi u. EGD. Dornbirn*

Ulrich Sautter
Weine & Winzer
REGION BODENSEE
VERLAG STADLER

ESSEN UND TRINKEN AM BODENSEE
Ein kulinarischer Begleiter
SÜDKURIER EDITION
VERLAG STADLER

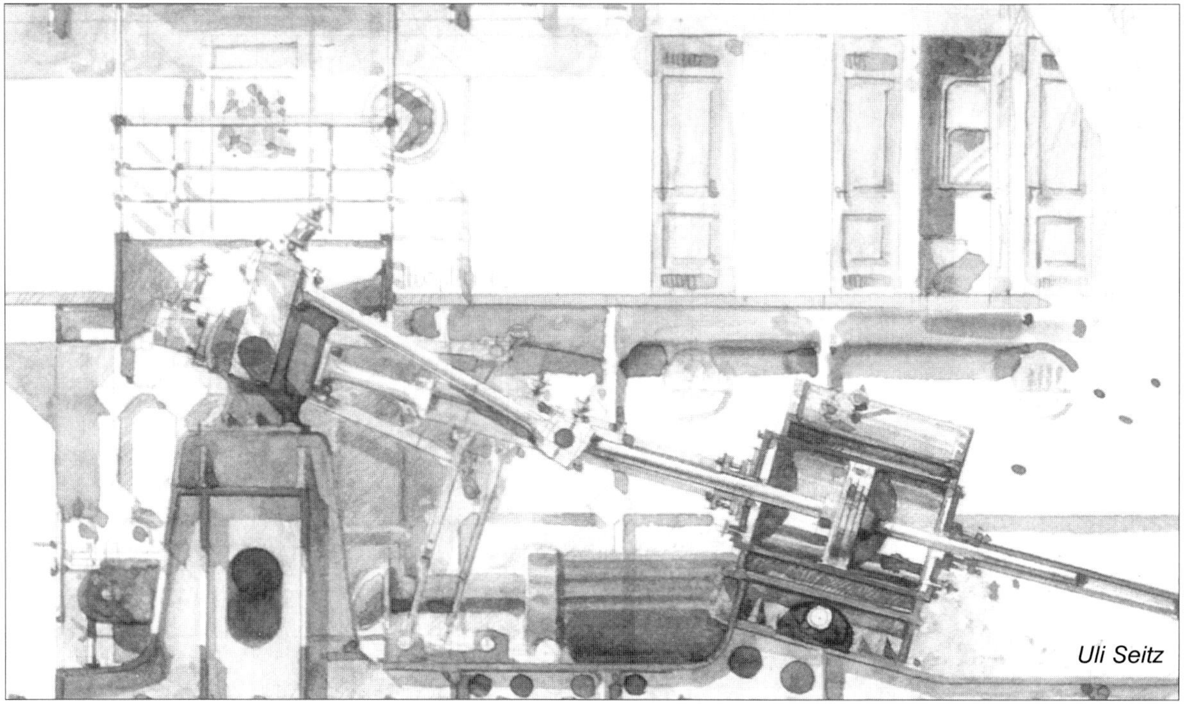
Uli Seitz

VERLEGT BEI STADLER

Bücher für Bodenseefreunde

Franz Thorbecke / Jürgen Resch
BODENSEE Im Wandel der Zeit
Ein Portrait in Luftbildern aus 70 Jahren
gebunden, Schutzumschlag, 132 Seiten,
71 vierf. Abb., davon 56 ganzseitig,
55 s/w Abb., 29,5 x 32,5 cm,
ISBN 3-7977-0181-8

Dieser brillante Bildband zeigt mit Aufnahmen vom deutschen, schweizerischen und österreichischen Seeufer die Veränderung der Bodenseelandschaft in den vergangenen 70 Jahren. Eine fundierte Einführung geht auf die Veränderung des Bodensees seit dem Erscheinen des Menschen ein und gibt einen Ausblick auf aktuelle ökologische Bemühungen.

Dieter Korp
Segelspaß am Bodensee
An allem ist der Föhn schuld
gebunden, 312 Seiten, zahlreiche Zeichnungen,
14,2 x 21,9 cm
ISBN 3-7977-0319-8

Für Segler, Mitsegler und solche, die beides werden wollen: Ein atmosphärisches Lesebuch mit vergnüglichen und anregenden Geschichten rund um das Segeln. Liebenswerte Charaktere tauchen auf, prägnante Details aus dem Seglerleben werden auf reizvolle Weise herausgegriffen. Wer noch kein Insider ist, der kann mit dieser Lektüre einsteigen.

Werner Dobras
Seegfrörne
Die spannende Geschichte der Seegfrörnen von 875 bis heute
gebunden, 124 Seiten,
34 vierf. Abb., 95 s/w Abb.,
24,4 x 25,5 cm,
ISBN 3-7977-0266-3
Neuauflage 1992

Diese Bild- und Textbände erhalten Sie in jeder Buchhandlung oder direkt über den Verlag.

Fordern Sie das Gesamtverzeichnis bei uns an.

STADLER

Stadler Verlagsgesellschaft mbH · Max-Stromeyer-Straße 172 · 78467 Konstanz
Telefon: 0 75 31/8 98-0 · Fax: 0 75 31/8 98-1 01

Verlag und Vertrieb:
Stadler Verlagsgesellschaft mbH 1996
78467 Konstanz, Max-Stromeyer-Str. 172

Zweite neu gestaltete Auflage

ISBN 3-7977-0345-7

Verlag und Autor danken den Fotografen sowie den Archiven für ihre Mitarbeit und Unterstützung.

Bildnachweis
Archiv Kloser, S. 8, 9, 18, 22, 31, 32, 33, 34, 35, 36 links, unten rechts, 38, 55, 58 oben rechts, unten, 60 links, 61 unten; O. Auchter, S. 58 oben links; B. Boari, S. 27; A. Dieth, S. 12, 21, 29; Foto Gross, S. 45; Foto W. Jakob, Umschlagrückseite; K. Fengler, Umschlagvorderseite; K. Greiser, S. 7, 36 oben rechts, 39, 41, 42, 43, 44, 60 rechts; P. Hummel, S. 56, 57; Landesbildstelle Vorarlberg, S. 10 oben; Lindauer Zeitung, S. 48, 49, 50; A. Sporeni, S. 10 unten, 47; Staatsarchiv Stuttgart, S. 14; F. Thorbecke, S. 52; W. Truckenbrodt, S. 19; G. Vach, S. 53, 54; Verlag Stadler, S. 61 oben; H. Wolff-Seybold, S. 51.